苏州大学出版社
Soochow University Press

苏州传统剧装艺术

胡小燕 著

图书在版编目(CIP)数据

苏州传统剧装艺术 / 胡小燕著. —苏州：苏州大学出版社，2020.10
ISBN 978‑7‑5672‑2088‑1

Ⅰ.①苏… Ⅱ.①胡… Ⅲ.①剧装—戏剧艺术—研究—苏州 Ⅳ.①TS941.735

中国版本图书馆 CIP 数据核字(2020)第 163075 号

江苏高校优势学科项目工程（NO.YX10500314）
"服装与服饰设计"一流专业建设项目（NO.GD31501819）

书　　　名：苏州传统剧装艺术
　　　　　　Suzhou Chuantong Juzhuang Yishu
著　　　者：胡小燕
责任编辑：方　圆
封面设计：胡小燕
出版发行：苏州大学出版社(Soochow University Press)
社　　　址：苏州市十梓街 1 号　邮编：215006
印　　　装：苏州市越洋印刷有限公司
网　　　址：www.sudapress.com
邮　　　箱：sdcbs@ suda.edu.cn
邮购热线：0512-67480030
销售热线：0512-67481020
开　　　本：787mm×1 092mm　1/16　印张：15　字数：329 千
版　　　次：2020 年 10 月第 1 版
印　　　次：2020 年 10 月第 1 次印刷
书　　　号：ISBN 978-7-5672-2088-1
定　　　价：90.00 元

凡购本社图书发现印装错误,请与本社联系调换。服务热线:0512-67481020

序

收到胡小燕博士沉甸甸的书稿，颇为欣喜。《苏州传统剧装艺术》系统地介绍了剧装戏具制作技艺的生产过程和工艺特点，作为经营与守护苏州剧装的手艺人，读来倍感亲切。本书不仅整理和记载了传统手工艺项目，更对非物质文化遗产的传承、保护、创新有着很大的贡献，谨以此文向她表示祝贺。

剧装又名戏衣，俗称"行头"，是起源于苏州的一项手工技艺。历史上对剧装的源起，一般认定为明朝中期，彼时苏州府有对这个行业从业人员生产活动情节的描述，从这点来推断，差不多有600年的历史了。但从唐朝宫廷戏曲"梨园行"的表演中对戏曲服饰的描述，则又把"剧装"往前推至1300年前，进而追溯至"优孟衣冠"这个典故，有关"剧装"的使用痕迹则远在春秋时期，如此算来就有2600多年的历史了。

从整个戏剧文化的范畴来评述，2000多年间在戏剧文化的记述和介绍中很少涉及剧装制作的研究，究其原因，一是演艺界编戏、排戏、演戏，观者看戏、评戏，往往对演出内容和表演优劣加以评论，很少会评论剧装，即便是评论剧装，也往往是从演员角色穿着的对与错这个角度，因为从社会大众的眼光来看，戏的好坏与剧装的关联不大，而且剧装本身是专用需求，不是大众需求，所以关注度不高。当然其最主要因素，是剧装制作行业手艺人自身的局限：一是社会地位低下，在封建社会，手工艺人的社会等级属于"坊户"，与士、农、工、商地位相差甚远。二是文化水平低下，这从目前仍在沿用的把"帅肩"说成"三尖"的行业术语习惯中可见一斑（三尖：吴语与"帅肩"读音相近）。正因行业内普遍文化水平较低，因此，对自身从事的工作和生活规律很少有文字记载，又因为剧装制作工艺烦琐、名词生涩，故而几百年间鲜有人对这项技艺进行系统性的记载和描述。

2006年"剧装戏具制作技艺"被列为首批国家级非物质文化遗产项目（传统手工技艺类别），这充分体现了国家对传统文化的重视。近二三十年间，文化和戏剧界很多有心人士也相当关注剧装资料的整理和介绍，出版了许多关于剧装的书籍，但大多重图形而疏文字，即便是文字介绍也仅对剧装的款式、品名予以标释，或作用途介绍，很少对剧装的整个制作流程和工艺细节进行详细记录和描述。

胡小燕博士在《苏州传统剧装艺术》一书的撰写过程中，曾耗时一年多的时间深入苏州剧装戏具厂，了解和参与剧装生产制作的每道工艺流程，在详细记录了各道工序和工艺的情况下，经过车间实践体验的总结，通过数载耕耘，终于有了丰厚的收获。

本书较为完整地介绍了剧装项目中各类产品的名词来源和形制特点，系统记述了制作过程中各道工序的前后衔接和工艺特点，丰富了人们对剧装制作技艺的认知概念，填补了目前对剧装制作工艺的描述缺失，完善了戏剧文化艺术的内涵，同时对国家非物质文化遗产的保护也大有裨益。

是为序。

2020/2/27

国家级非遗传承人
中国戏曲学院客座教授

前言

    很多工艺美术制作技艺都蕴藏着中华民族的文化特质,蕴含着中华民族的审美情趣和艺术追求,服饰文化更是中国传统文化不容小觑的重要组成部分,它集中体现了人们的生活习俗、审美趣味、色彩偏好、文化心态及宗教观念等。剧装艺术是工艺美术制作和社会文化的结合,其中所包含的深刻内涵值得潜心探索和研究。

    苏州作为吴文化的发源地,有着 2500 多年的历史,在这片沃土上孕育并传承了许多宝贵财富,剧装制作技艺便是其中之一。苏州的剧装戏具艺术可上溯至明代中叶,它与当时南戏北调中的昆曲相伴而生。明清以来,苏州一直是丝绸和棉布的主要产地,苏州的刺绣也因技艺精湛而闻名海内外。19 世纪 30 年代,京剧界最负盛名的四大名旦的剧装均在苏州定制。近年来,苏州地区先后出色地完成了江苏昆剧团的《桃花扇》、江苏省京剧院的《西施归月》、苏州昆剧院的《牡丹亭》、上海昆剧院的《长生殿》等剧目的剧装戏具制作,也为全国有影响的专业剧团配套制作戏衣服饰。苏州地区一直努力为文化艺术配套服务,传播传统文化,创造社会效益。

    2006 年,苏州剧装戏具制作技艺被列为国家级非物质文化遗产(遗产编号 VIII-82)。本书以苏州剧装的艺术形式与制作技艺为研究对象,以搜集、整理历史文献资料为基础,以实地考察、跟踪调研和技艺学习为主要方法,立足于吴文化背景,从传统美学、设计学、符号学、人类学的角度论述了苏州地区剧装的穿戴规制、刺绣、图案、制作工艺等艺术特征和演变过程,使苏州剧装艺术的研究更加综合、全面。

    本书主要从以下五个模块展开论述:

    (1)苏州剧装的历史发展概况。剧装应戏剧的需求而生,通过以时间为轴的方式对文献史料、实物资料进行整理和分析,结合昆剧的产生与发展,追溯苏州剧装的起源,研究其历史沿革,并通过地理条件、人文环境、物质资源、手工艺条件及其传承方式等,论述苏州剧装行业的变迁过程,从而探寻苏州剧装兴衰起伏的根本原因。

    (2)苏州剧装的穿戴规制。主要就剧装的类别及构成要素进行全面的研究。剧装起源于明代中叶,在清代兴盛,其所涵盖的历史服饰款式多出自明清两代。在历史逐渐离我们远去的当下,唯有剧装仍然在戏剧表演中以动态的方式展现服饰,它在承袭历史服饰款式和服饰制度的基础上,通过漫长的演变,逐渐形成了一套成熟的戏剧服装穿戴规制,由剧装的款式、色彩、图案、配件及穿戴方式的程式性综合体现。

(3)苏州剧装的艺术特征及其文化内涵。苏州剧装不仅是工艺美术技艺的载体,更是我国传统美学以及吴文化的综合体现。通过对苏州剧装的色彩搭配、图案象征意义、形态布局、刺绣针法与配色表现形式的研究,以及南北派剧装艺术特征的对比研究,分析苏州剧装艺术风格的形成。其中,图案的象征性意义在剧装上的运用以及色彩的"上下五色"体系是剧装文化艺术内涵的集中体现。

(4)苏州剧装的制作技艺的研究。剧装的制作是相当庞大和复杂的工艺体系,它包含许多可独自成章的工艺技术。其研究以剧装制作实地考察和长期跟踪访问为基础,通过亲身学习和参与制作蟒、帔、靠、褶、代表性衣、皇帽、员外帽、员外巾、道姑帽、彩旦靴、云头履等,了解其系统的流程和工艺细节,着重对具体款式的版型、制作技艺进行研究和分析。

(5)苏州剧装的传承与发展。数字媒体时代的文化多元发展使戏剧与戏剧观众需求随之改变,在机遇与挑战并存的当下,论述苏州剧装"一戏一服制"的发展现状。随着社会现代化进程的加速推进,甚至AR(Augmented Reality)时代的到来,苏州剧装与多数手工艺行业同样面临传承与发展的问题,手工艺加工方式的短板与矛盾不断凸显。通过对苏州剧装制作业当前状态的分析,提出可行性的改进方案。

根据本书的研究内容,笔者主要对以下研究对象做出界定。苏州剧装,即苏州制作生产的剧装;剧装则须厘清两方面的界定,一是戏剧,二则是戏剧服装。

(一)戏剧的界定

对于说唱和角色扮演的综合性艺术演出,大众普遍有两种称谓,分别是"戏曲"和"戏剧"。其中,我国的戏曲主要由民间歌舞、说唱和滑稽戏三种不同艺术形式综合而成;戏剧则是指以语言、动作、舞蹈、音乐、木偶等形式,达到叙事目的的舞台表演艺术的总称。本书则更倾向于"戏剧"这一称谓,原因有二:其一,中国古代说唱演的艺术演出并不都有"曲",而本书从历史源流追溯剧装的发展,涉及古代各类说唱演的表演形式,以"戏曲"来表述则较有狭义性。其二,戏剧的"剧"更强调表演艺术的综合性,包括说唱与角色扮演,从这两方面则可以衍生出戏剧音乐、化妆、服饰、道具等要素,而"戏曲"一词未能从字面上体现艺术的综合特征。

(二)剧装的界定

关于剧装的描述,最早可追溯到魏晋时期,但关于剧装的制作记载是在明代天启年间。剧装,连同戏具是一个涵盖种类十分丰富的整体,它可以拆分为剧装和戏具两大模块。剧装是戏衣和服饰配件的总称,其包含的品类主要有戏衣、戏帽、靴鞋、口面等,戏衣也可单独称为剧装。以刀枪棍棒为主的戏具,是戏剧舞台上主要表演古装戏剧所使用的武器和仪仗的总称,戏班中称为"把子"。

剧装戏具行业不仅制作戏剧舞台、电影、电视及各类文艺团体演出活动中的戏具用品,同时也制作宗教场所使用的堂幔桌帔、神袍伞盖等庄严[1]物品,包括生产民间风俗活动舞狮、龙灯等用品,还为民众文化活动提供各类服装及装饰用品。戏衣的款式种类,在各个历史时期都不相同,在形成"行头"这个行业初期,品种较少,在昆曲中使用的戏衣款式不超过100个品种。随着戏剧地位的上升,特别是曲目的发展和社会的进步,剧装品类逐渐完善和丰富。1982年,据轻工部召开"戏衣行业苏州会议"期间的统计数据显示,全部戏衣共有350款,其中有126款是以明代服饰为原型的,虽仅占戏衣总款式数量的38%,但其在戏剧演出时的使用率却超过85%。这126个明代款式主要包括男蟒、女蟒、老旦蟒、男改良蟒、女改良蟒、天官蟒、男改良官衣、素官衣、丑官衣等23个款式;靠类有男大靠、女大靠、男改良靠、女改良靠、箭靠、虎皮甲、大铠、周仓靠、霸王靠、鱼鳞甲、木兰靠等21个款式;男生类有小生褶子、武生褶子、丑褶子、富贵衣、小生帔、员外帔、男斗篷等,女生类有女帔、女褶子、古装衣、袄裙裤坎肩、百褶裙等,两类共计37款。另有以清代服饰为原型的17款,常见的为龙箭衣、花箭衣、马褂、旗蟒、彩旦衣裤等。剩余款式分别来自明代以前服饰款式、宗教服饰款式和少数民族服饰款式,以及近代服饰款式和行内自创款式。

20世纪90年代,经李荣森统计苏州、上海、北京三地剧装厂的计划生产科资料,剔除三地重复的剧装戏具款式,全部品种达1400多种。其中戏衣378种、戏帽246种、戏靴41种、髯口24种、头面55种、刀枪276种、头饰光片等类产品23种。[2] 以上这些制成品能满足包括京、昆、川、粤、豫等90多个剧种所有的行当穿戴。但即使是同一品种,各剧团也有自己的称呼,如一般小生穿的"海青",京剧与北方剧种称"道袍",川剧叫"折子",越剧叫"男袄子",昆剧叫"褶子"。剧团用的"袍服",有称"蟒",有称"官袍",有称"龙袍"的。按不同规格与质量要求,又有"私房货",即演员自己出钱量身定制的服装,一般都是精品,另有"充私房货"及"官中货"等区分。

因主客观原因,在短期内无法对剧装戏具所有内容做详尽的梳理与分析,故本书将着重对剧装所涵盖的戏衣(蟒、帔、靠、褶子、代表性衣和辅助物)、戏帽(盔头、巾帽)、鞋靴主体类别进行理论与实践研究。

(三)剧装分类方式的界定

旧时戏班演剧所用的剧装、戏具都统一按照特定的分类方式放置于特制的箱子中,行内称为"衣箱",分为五大类:大衣箱、二衣箱、三衣箱、盔箱、旗把箱。戏衣可归为"文服"

---

① 此处"庄严"为名词。《华严经探玄记》第三卷曰:"庄严有二义:一是具德义,二是交饰义。"即宗教庙堂的装饰统称。

② 由李荣森先生口述,笔者归纳整理。

和"武服"两大类,前者统一放置于大衣箱,后者放于二衣箱,二衣箱同时放置一应短衣,三衣箱放置戏衣的打底款式与鞋靴,盔箱则放置各类别的盔帽,旗把箱放置刀枪把子等戏具。这种按衣箱分类的方式被称为"衣箱制",其初创于元代,形成于明代,完善于清代①,其与"梳头桌"(用于梳头装扮、存放化妆物品的桌子)一类统称为"五箱一桌"。衣箱制的特征具有通用性,以一套完备的剧装款式和戏具,适用一切传统戏剧的演出,这种分类方式在戏班、戏剧院团中一直沿用至今。

学术研究上,按照"衣箱制"中的"文服"与"武服"来对戏衣进行分类则显得过于笼统,戏衣方面,目前学术界比较认可和通用的是谭元杰先生所提出的以使用频率所划分的蟒、帔、靠、褶、衣五个大类。这种分类有利于对戏衣穿戴规制和艺术特征做系统化分析和研究,也是本书所使用的戏衣分类方式。

苏州剧装多维度价值体系是我们民族历史文化、美学、民俗、工艺美术综合生命力延续的重要体现。通过对苏州剧装历史背景、技术体系、艺术体系的综合研究,可以在当下意识形态中,就如何为苏州剧装获得更加广阔的生存空间、传承民族文化提供相应的理论依据与研究支持。在传承与发展的语境下,为了激活和转换传统文化资源,需要我们从民族传统文化遗产中去发掘其文化价值和精神尺度,把传统技艺和文化积淀化为今天的动力。这种动力可以有效地保护文化,它也是应对当代社会发展和需求的适应法则,即通过当代的文化认知、审美意识、价值衡量将经典从历史中置换出来,做到真正意义上的传承与发展。

① 谭元杰.戏曲服装设计[M].北京:文化艺术出版社,2000:10.

目录

苏州传统剧装艺术

第一章

苏州剧装业的形成与发展

剧装戏具在戏剧界传统中称为"行头","行头"是金、元时期对戏剧服装道具的统称,《琵琶记·乞丐寻夫》中有角色赵五娘的描述:"只得改换衣装,将琵琶做行头。"①《扬州画舫录》五卷《新城北录下》中写道:"戏具谓之'行头'。行头分衣、盔、杂、把四箱。"②剧装戏具是经过特殊艺术加工的专供戏剧演员在演出时穿着的专用服饰和道具,因此剧装制作行业和文艺团体的关系是相互依赖、同生共长的,中国戏剧事业的发展史,也可以说就是剧装行业的成长史,我们可以从戏剧发展的历史中追溯剧装行业的起源。

第一节　戏剧与剧装的历史发展

一、剧装的历史记载

现在可查考的魏晋六朝之间的史籍《北史·李兴业传》中,有永熙三年,"高隆之被召修缮治理三署乐器、衣服以及百戏之类"③的叙述,这是关于剧装最早的记载。至唐代,因唐玄宗好歌舞戏剧,剧装的制作和品类日益完备。据唐段安节所撰《乐府杂录》记述,早在隋唐时期,表演乐府剧目《兰陵王入阵曲》时,兰陵王便戴有假面具出场。当时表演者"衣紫、腰金、执鞭"④,可见当时的表演中已有了装饰性服装和戏具。刘禹锡的《泰娘歌并引》中有云:"长鬟如云衣似雾,锦茵罗荐承轻步"⑤,也体现出戏衣已有了面料上的变化。元杂剧《张生煮海》剧本注明"仙姑取砌末科",其中"砌末"指的就是该剧所用的戏具。明代袁宏道《迎春歌》中有对窄衫、绣裤、金蟒等戏曲服装的真实描述。

虽说中国很早就有使用剧装戏具的记载,但真正有剧装戏具这个行业记载的文字,是在明朝。明代天启年间(1621—1627年),在苏州葛成事件后,南京工部给事中徐宪卿在上疏中叙述:"独苏郡之民游手游食者多,即有业,不过碾玉、点翠、织造、机绣等役"⑥这些几乎都是制作剧装的工序,难能可贵的是,时至今日这些传统的工艺依旧活跃在生产线上。明末,以明代服饰为基础,兼有汉、唐、宋各朝服饰遗风的戏曲衣箱已逐步确立。至清代中叶昆曲兴盛之时,在《昆剧穿戴》等史料中记载和描述的昆曲穿戴规制已相当完备

① 黄仕忠.琵琶记导读[M].合肥:黄山书社,2001:105.
② [清]李斗.扬州画舫录[M].南京:凤凰出版社,2013:134.
③ 张家林.二十五史精编　魏·北齐·周书[M].北京:中国戏剧出版社,2007:224.
④ [唐]段安节.乐府杂录[M].北京:中华书局,1985:13.
⑤ 了了村童.伶乐诗魂[M].北京:中国言实出版社,2016:186.
⑥ 李文海,夏明方,朱浒.中国荒政书集成:第2册[M].天津:天津古籍出版社,2010:1020.

与严谨。另外,小说《红楼梦》第十八回,也有贾府为家院戏班专程来苏州采购"行头"的情节,这说明苏州在清乾隆年间已经有了戏衣业,而同时期,我国其他地方仍然没有生产剧装戏具的更早的历史记载。因此,可以推测,苏州是中国剧装戏具制作的发源地之一。

二、戏剧题材与剧装的关系

可以说,有歌舞戏剧活动,就有剧装戏具。谭元杰认为,戏剧穿戴规制的逐步成熟与定型也得益于戏衣庄。客观上,戏衣庄与不同剧种的戏曲剧社、梨园科班中的艺人们"三位一体",共同维护着戏曲穿戴规制并渐渐形成各自的剧装风格,为保持剧装的可舞性、装饰性、程式性三大美学特征做出了积极的历史贡献。

中国传统的戏剧形式戏曲,由百姓与戏曲工作者扮演着创造与传承的角色,源于秦汉时期的歌舞、声乐、俳优以及各种戏目。唐代有参军戏,北宋时期宋杂剧(金称其为"院本")开始形成。南宋时,温州一带产生了戏文,一般认为是中国历史上戏曲最早的成熟阶段。金末元初时期,元杂剧诞生于我国北方地区,元代的戏文本子与舞台演绎达到空前繁盛状态。中国地域辽阔、民族众多,存在着语言、音乐、民族风俗等地域性差异,所以演唱的腔调逐渐形成各地特色声腔。元代至清初年,各种地方戏曲大多以"腔""调"命名,剧种的名称与声腔名称相互通用,所以最早的戏曲声腔既指演唱的腔调及其特征,又代表戏曲剧种。明末以后,由于各声腔戏班的长期交互融合,逐步形成了多声腔的剧种。由于在剧种题材的选择和处理上,结合剧种声腔和唱法特点扬长避短,有利于更好地发挥剧种唱腔优势,所以在常年的发展中,各剧种都逐渐形成了适宜自身声腔的题材。

在百花争妍的戏曲中,宫廷戏最早以昆腔和弋阳腔为主,在清乾隆五十五年(1790年)后,徽班(原在南方演出的三庆、四喜、春台、和春四个徽调班社)进京演出,并与来自湖北的汉调相互影响,加之糅合了昆腔、秦腔和一些剧目、曲风、表演方式,同时吸收了一些民间戏曲元素,通过发展和演变成为京剧,更形成了中国特色的"唱念做打"有机结合的艺术表演体系。其唱腔风格慷慨激昂、洪亮有力,多演绎家仇国恨与民族大义的大戏,又因京剧中小生与花旦青衣均用假声演唱,音频相对较高,无法演绎男欢女爱时的曼妙声调,所以少有男女情感主题的戏本。而苏州昆剧恰恰与之相反,《客座赘语》中描述昆腔"清柔而婉折"[①],嘉靖年间,由魏良辅一行戏曲作家,采用管弦乐伴奏,突破了南戏诸腔清唱的演绎方式,备受文人士大夫推崇,并奉之为"正音""雅部"。正因其声腔雅而软,曲调绵长,在演唱才子佳人爱情戏时易表达细腻的情感,其中也包括仙佛题材。虽也有时事政治、公案等题材,但在比重上远不及前者。河南豫剧主要为梆子腔,其行腔酣畅、高亢激越、朴实劲道,豫剧中很大一部分题材取自历史小说和演义。

---

① [明]顾起元. 历代笔记小说大观:客座赘语[M]. 孔一,校点. 上海:上海古籍出版社,2012:104.

各剧种地区题材的形成也来自戏剧观众对戏剧的接受与推崇。在实际生活中，人们充满着对美好愿望的追求——对爱情的忠贞不渝、对国家的忠诚团结，以及对英雄的崇拜敬仰，当这些情结以戏曲为媒介表达出来时，戏剧观众对其追捧以寄托心中情感，从而推动各剧种的主要题材不断累积与发展，形成各自特点。从剧装角度而言，不同题材的戏剧对于剧装提出了不同的要求，这也是影响各剧种剧装风格形成的因素之一。

三、苏州剧装业的服务对象

（一）戏剧类

旧时戏剧类的产品主要销往苏州附近的浙、赣、皖等地区的戏班，1956 年以后，以京剧作为戏曲界的"模板"，所有戏剧院团开始改制，全部由民营性质改为国营性质，很多戏班改为剧团或剧院。改制后的戏剧院（团）对于剧装的需求持续上升，1977 年，以苏州规模最大的剧装戏具厂为例，其生产的剧装销往黄河南北、长江中下游各省，以及其他各地 73 个剧种，上百个剧团，苏州剧装生产总量持续排名全国第一。

现在苏州剧装服务较多的有昆剧、越剧、川剧、粤剧、秦腔等，其中昆剧占据较大的比例，上海昆剧院、苏州昆剧院、江苏省昆剧院、浙江永嘉昆剧院等是苏州剧装常年供货的对象。其中优秀剧装作品有青春版《牡丹亭》（苏州昆剧院）、《1699 桃花扇》（江苏省昆剧院）、《南柯梦》（上海昆剧院）、《义侠记》（苏州昆剧院）、《西施归越》（江苏省京剧院）、《长生殿》（上海昆剧院）等。当然，出自苏州的剧装具有苏州地区艺术特色的同时，也会因地制宜，根据不同剧种的特点，在配色、图案、刺绣等方面融入其剧种特色。

（二）影视剧类

影视文化相对于戏曲而言是较年轻的，中国电影事业起步于 20 世纪初，1905 年，北京丰泰照相馆创始人任庆泰（字景丰）拍摄了由谭鑫培主演的《定军山》电影片段。中国第一部电视剧《一口菜饼子》由北京电视台（中央电视台的前身）于 1958 年 6 月 15 日播出。也就是说，中国的电影文化至今有一百多年历史，电视剧文化有六十多年历史。进入20 世纪 80 年代中后期，大众文化迅速扩张，挤占着传统文化舞台，传统戏曲受到冲击，戏曲院团相继改革，经历了剧团撤并与人员裁减，从而导致剧装的需求减少以及剧装制作资金的减缩，剧装的生产与销量进入低谷期。

1986 年，为了应对市场发生的变化，剧装戏剧行业在继续抓住原有产品的基础上，寻找新的市场，逐渐将市场开拓到影视服装、仿古服装以及民族服饰领域。由于新开发产品的制作技艺和传统剧装相近，因此，在保护传统技艺和提高企业效益两方面是相得益彰的。

影视服装在 20 世纪 90 年代为高潮时期，相当一部分的优秀影视剧、舞台剧服装在苏州设计制作。代表性的有《杨家将》（1985 年）、《红楼梦》（1987 年）、《射雕英雄传》（1994

年)、《雍正王朝》(1997年)、《天龙八部》(1997年)、《水浒传》(1998年)、《康熙王朝》(2001年)、《笑傲江湖》(2001年)、《天下粮仓》(2002年)、《孝庄秘史》(2003年)、《神探狄仁杰》(2004年)、《宫锁心玉》(2011年)、《徽州往事》(2012年)等。另外，与日本宝冢歌舞团、韩国影视业也有相关的合作。其中最有代表性的为"1987版"《红楼梦》剧装。苏州工商档案中心留存了大量珍贵的企业档案，其中苏州剧装戏具厂的历史档案中记载了详细的影视服装制作内容。1984年，苏州剧装戏具厂参与讨论《红楼梦》剧装的研发工作，并承担制作了该剧140多位有名有姓的角色的服装，制作期前后约4年，总计完成2700多套服装，剧中主要人物的服装有267件，其中王熙凤的服装有64件，林黛玉的有40多件。《红楼梦》剧装摆脱了戏剧服装程式化的束缚，以明确的明代生活化的服装款式为主，通过服装的款式、选料、图案、绣花配色，清晰地表达人物性格、季节变换等要素，如林黛玉的服装以竹子、兰花图案为主，贾宝玉的服装以宝相花图案为主，赋予剧情生活的真实性。

另有代表作品，如由张艺谋导演的大型话剧《图兰朵》(1998年)剧装、江苏省第十届运动会开幕式7000人演出服装、第三届全国体育大会文艺演出等文体广场活动的服装、被载入史册的2008年北京奥运会开幕式的太极表演项目演出服、2019年央视元宵晚会昆曲节目《金猪送福》全套服装，这些都是在苏州设计制作完成的。

在2006年苏州剧装戏具制作技艺被列为国家级非物质文化遗产名录后，为了更深入地做好传统剧装制作的发展与传承工作，苏州剧装制作行业逐渐减少了影视剧服装的投入与制作，以更充分的精力投入传统剧装的制作中。

第二节　苏州剧装业的发展历程

苏州是历史上制作戏衣的起源地和最主要的制作基地，也是剧装的集散市场。从明代至今，苏州剧装业从无到有，从弱到强。发达的江南经济与蚕桑资源为剧装的发展提供了物质条件，精湛的苏绣技艺为剧装的制作提供了手工艺基础，苏州地区昆剧艺术的勃兴更是为剧装的发展提供了有力的契机。

一、发达的江南经济与手工艺基础

（一）地理与经济优势

苏州位于长江三角洲的中部区域，在交通和气候上有着得天独厚的优势，苏州城内外水道交织、江海连通。自春秋起，吴王阖闾在苏州建都，苏州便有了发展经济和文化的基础，至唐代，苏州已显现繁荣景象。由于长江入海口淤积，明代海外贸易的中心从扬州下移到太仓和松江一带,促进了这一地区经济的大发展。

明清时期,苏州等江南地区的商品经济发展至空前繁盛的状态,促使该地区的部分民营手工制作业逐步突破了自产自销的经营模式,采取雇佣劳作方式并逐渐形成手工工厂,促进了乡镇劳动力和就业率的提高,进一步加快了城乡经济发展,特别是苏州乡镇地区的兴旺发展,有力推动了该地区的社会进步和文化繁荣。唐寅《阊门即事》中有这样的描述:"世间乐土是吴中,中有阊门更擅雄;翠袖三千楼上下,黄金百万水西东。五更市卖何曾绝? 四远方言总不同;若使画师描作画,画师应道画难工。"①诗中评价阊门是吴中(苏州)这块乐土上更为出色的地区,并以声色场所的繁荣景象、财富的丰硕、早市的热闹体现了苏州阊门一带的经济盛况,阊门一带也是早期苏州剧装业聚集的区域。

(二)丝绸资源优势

苏州发达的丝织业是剧装业发展起来的重要原因。太湖平原土地肥沃,气候温和湿润,属蚕桑养殖圣地,这使苏州拥有丰厚的蚕丝资源和发达的丝绸工业,丝织品种类齐全。②

从考古实物上考证,苏州吴县在四千七百年前的新石器时代遗址中发现了丝线与丝织品,吴江梅堰曾出土四千年前的大批纺轮和骨针,以及带有丝绞纹和蚕纹的陶皿,这反映了苏州早在数千年以前就掌握了养蚕纺丝的技术。

明代,苏州地区几乎家家养蚕,苏州成为全国丝织业的中心③。洪武元年(1368年)即在苏州设立织染局,为朝廷进贡丝织品。北京慈因寺曾发现明代万历年间出自苏州的4件锦缎服装,虎丘也曾发现莘庄王锡爵墓中有嘉靖年间的忠靖冠服、织银锦帛、缂丝龙纹等丝织品。

清代以来,苏州丝绸市肆十分繁荣,绸缎店铺大量开设。乾隆二十四年(1759年),宫廷画家徐扬的巨幅画作《姑苏繁华图》描绘了苏州的生活盛景以及社会风情,其中有丝绸商号14家,标注的丝绸类别有20余种,如"宁绸""湖绉""濮院绸"等,乾隆三十五至四十五年(1770—1780年),苏州民办手工业织机已达一万有余。(图1-1)

民国期间,苏州陆续开办了不少丝绸纺织厂。1913年,苏州引进人造丝,用于剧装的滚边、衣带等部分。1922年起,苏州将人造丝与真丝混织,丝织产品种类越发丰富,如塔夫绸、古香缎、织锦缎、乔其纱、软缎、中华缎等,其多数都用于剧装材料的更新制作。售卖丝织品的店铺从前被称为绸缎店,一般开设于戏衣庄周边,以形成上下游的供给关系。

新中国成立后,苏州丝绸业的发展跃上新的台阶,从缫丝、染丝、丝织、印染到丝绸机械,形成完整的工业体系,丝绸作为剧装最基础的原料,为剧装的发展奠定了优越的基础。

---

① [明]唐寅.唐寅集[M].周道振,张月尊,辑校.上海:上海古籍出版社,2013:48.
② 胡小燕,李荣森.苏派戏衣业溯源与艺术特色分析[J].丝绸,2019(1):81.
③ 陆字澄.明代商品经济对吴门画派的影响[J].东华大学学报(社会科学版),2002(4):5-7.

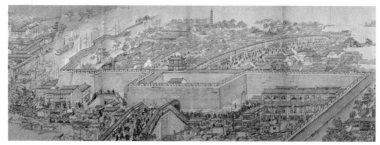

上:第十段 阊门　　下:第十一段 山塘街

(又名《盛世滋生图》,纸本设色,尺寸:1225 厘米×35.8 厘米,藏于辽宁省博物馆)

图 1-1 《姑苏繁华图》局部

(三)苏绣技艺的基础

苏州地区发达的丝绸染织业为刺绣奠定了良好的物质基础。苏州剧装所涉及的苏绣工艺,源远流长。《吴越春秋·夫差内传》中记载:"吴王临欲伏剑……死必连綦组以罩吾目。恐其不蔽,愿复重罗绣三幅以为掩明。"① 西汉文学家刘向在杂史小说集《说苑》中有关于吴地迎送外交使节时的描述:"晋平公使叔向聘于吴,吴人拭舟以逆之,左五百人,右五百人;有绣衣而豹裘者,有锦衣而狐裘者。"② 说明在春秋时期吴地已将刺绣运用到服装上。至唐代,"据崔令钦的《教坊记》的记载,当时演《圣寿乐》所用的服装,以'绣窝'法特殊设计,舞时刺绣的图案、色彩随舞随变,能达到文绣焕发的效果"③。说明当时的剧装已有对刺绣针法、丝线的表现和运用。明代时,苏州丝织业逐步成为全国的中心,刺绣更是每户纯熟的女红,并且与上海顾绣相互影响,苏绣在绣线、针法、布局上逐步形成图案娟秀、用色自然、针法活泼、绣工精巧的风格。苏绣发展至清代达到鼎盛,且初步形成了独立行业,苏州也一度被誉为"绣市"。据统计,同治六年(1867 年)到光绪十年(1884 年),苏州经营的绣庄从 72 家扩展到 150 多家,且根据所做产品的不同分成了三个模块,即绣庄

---

① [东汉]赵晔. 吴越春秋 贞观政要[M]. 长春:时代文艺出版社,1986:140.

② [西汉]刘向. 说苑今注今译[M]. 卢元骏,注释. 天津:天津古籍出版社,1977:291.

③ 王欣. 中国古代刺绣[M]. 北京:中国商业出版社,2014:132.

业、戏衣剧装业和零剪业①,其中戏衣业为最大的模块。苏绣在延续明代风格的基础上,技艺更为成熟,总体上仍保留着"密接其针,排比其线"的平绣特点,苏州剧装的刺绣也呈现用色雅洁、图案细腻的风格。

新中国成立后,国家对工艺美术行业提出"保护、发展、提高"的指导性方针政策,地方政府通过组织城乡物资交流等形式,促进了绣品的流通,同时对剧装的生产加以扶持。1957年,苏州刺绣研究所成立,为苏绣传统技艺的传承与研究创新提供了专门的平台,在此基础上,又先后成立了刺绣发放总站,组织了刺绣技法、色彩研究小组,根据各地不同剧种的剧装风格和制作要求,对剧装进行图案、色彩和针法设计,使刺绣工艺在剧装中散发着历久弥新的光芒。

刺绣虽然属于工艺体系范畴,但是由于它在服装上普遍应用,使戏曲服装具有了极强的工艺性,成了名副其实的工艺品。也正因此,戏剧服装被称为"刺绣之服",刺绣成为戏剧服装的显著标志。②

二、昆剧及其服饰风格对苏州剧装制作的影响

剧装应戏剧表演的需求而生,苏州剧装戏具行业的形成与发展和昆曲在苏州的发展壮大密不可分。《吴郡志》中有云:"吴音,清乐也,乃古之遗音。""吴歈"之名,在先秦作品中已有记载,战国《楚辞·招魂》中即有"吴歈蔡讴,奏大吕些"③的记载,说明吴人自古就喜好乐律。宋室南渡后,苏州成了南北戏曲交流的主要城市之一,南溪中的永嘉腔、弋阳腔、余姚腔,以及北戏中的冀州调、中州调等先后传到苏州。在此基础上,明代之时,新兴的苏州地方戏——昆曲,在苏州昆山地区逐渐形成,这也是苏州正式规模化生产戏衣之始。④

明清时期,职业昆班遍布大江南北,江南尤甚。戏班之众、行头之繁,带动剧装业的勃兴。昆曲服装品种多样,工艺精美。清乾隆年间李斗《扬州画舫录》第五卷中"江湖行头"一项所列服装加上肤色之变化就达百种。而"迎銮接驾"的内班服装,更是竭尽奢华,耗资往往高达数十万银两。书中还有记载"小张班十二月花神衣,价至万金……"⑤清同治以后,由于徽剧和京剧相继勃兴,苏州戏衣的销售对象由当地扩展到苏、浙、皖三省。辛亥革命后,苏州戏衣的销售区域更广,作坊增多。苏州剧装制作以昆曲演出的服装起始,至今服务于全国各地的戏曲演出,但细节与配色上仍留存着昆曲服饰的风格。

① 孙佩兰. 中国刺绣史[M]. 北京:北京图书馆出版社,2007:87.
② 谭元杰. 戏曲服装设计[M]. 北京:文化艺术出版社,2000:20.
③ [汉]刘向. 楚辞[M]. 王逸,注. [宋]洪兴祖,补注. 上海:上海古籍出版社,2015:266.
④ 林锡旦. 苏州刺绣[M]. 苏州:苏州大学出版社,2004:55.
⑤ [清]李斗. 扬州画舫录[M]. 南京:凤凰出版社,2013:135.

三、近代剧装制作产业规模

清末至近代,是苏州剧装业发展的一段繁盛时期,但由于从事剧装戏具制作行业的匠人大多文化水平较低,历史上除了一些地方志和诗文中提到剧装外,鲜有关于行业的具体记载,根据《苏州剧装戏具厂志》提供的资料以及一些老艺人的说法,清代咸丰、同治年间,苏州开设的戏衣店铺有江恒隆、老恒隆、尚太昌、陈松泰、万顺泰等;在光绪、宣统年间开设的有郑恒隆、杨恒隆、唐云昌、范聚源、范源泰、乾泰、鸿昌、仪泰、钱仪泰、锦昌、新昌、天和、恒和义、许宏昌、振昌、协泰、韩顺新、荣泰、万泰、李万昌、顾永昌等;民国以后陆续开设的有仁昌、同义昌、义盛、恒泰、杨恒盛、李鸿昌、利纶、余隆、义和、顾永记等。开设的地点多在观前街、护龙街(今人民路)东、西中市及吴趋坊一带。在苏州剧装最鼎盛的时期,这一带鳞次栉比地聚集了六七十家行头店。[①] 由于原料和制作技艺的差异,各个店铺所制作经营的产品往往集中于一个门类。可具体分为戏衣、戏帽、戏靴及刀枪、口面、绒球、排须、点翠作坊,并有一批专门绘制戏衣图案的画工。从前苏州剧装直接的销路主要是本省和上海,以及浙江、江西、安徽等部分城市的职业戏剧院团(旧时称"戏班"),其中有长期流动在太湖流域各城镇的,俗称杭嘉湖水路班子,长期居住在苏南城市中的戏班子等,也有一些当时的名角儿私人定制和戏迷(俗称"票友")的定制。北方剧团的剧装一部分由商人从苏州倒卖销售,另一部分则是北方剧团亲自到苏州采购。19世纪30年代,京剧界最负盛名的梅兰芳(图1-2)、程砚秋、荀慧生、尚小云四大名旦的剧装均在苏州定制。直至民国初年,北京的剧团演出添置戏衣均要赶赴苏州采购。抗战胜利前夕,观前街一带的店铺逐步关闭,仅剩许宏昌一家。后来所有新开设的店铺多集中在阊门一带。

图1-2　梅兰芳饰演《贵妃醉酒》中的杨玉环

民国初年,杨恒隆在北京、上海分别开设分号;1917年,李鸿林在北京开设李鸿昌戏衣店,并将工艺带到北京,20世纪中期,曾为厉慧良等名角设计制作戏衣。[②] 这些最早开设在北京的分号和随后于20世纪20年代开设在上海的分号,除了扩大业务之外,更起到了融合各地方剧种不同风格、不同文化元素的作用,这些交流在20世纪30年代的中国戏剧服装的改良和个性化流派剧装的生产上起到了关键作用。

第三节　苏州剧装戏具厂的发展历史

2006 年,苏州剧装戏具制作技艺以其悠久的历史、对文化的贡献以及其制作技艺的精湛,被列入第一批国家级非物质文化遗产名录(图 1-3)。苏州剧装戏具合作公司被列为非物质文化遗产保护单位,从 2007 年开始每年招收青年职工(自 1992 年以来首批招工),培养接班人队伍。

图 1-3　国家级"非遗"项目保护单位

苏州剧装戏具合作公司,是由苏州剧装戏具厂于 2000 年改制的股份合作制企业,是生产戏剧服饰的专业手工工厂,同时对民族服装的制作与历史服装的复原有一定的经验。

一、剧装制作行业的产业形态转变

1951—1956 年,在政府对私企改造政策的推动下,剧装行业从个体经营逐步向合作社转变,1951 年第一个合作社性质组织——戏衣绘画集体工厂成立,之后成合工厂、刺绣工厂、戏衣供销合作社等相继成立;1956 年伊始,社会主义改造的合作化进入高潮,同年 2 月 16 日,在全体劳动者自愿的基础上,昔日独立的私营店铺(戏衣、刀枪、口面、光片、绒球等)以公私合营的形式进行了重组,成立了全剧装行业统一的合作社——苏州戏衣生产合作社,并社时共计 64 户 412 人。自此,苏州戏衣行业延续了数百年的家庭作坊生产模式基本终结。

手工业掀起合作化高潮时,全国的文艺系统也进行着社会主义改革,各种文艺团体改为由地方文化局、文教局领导的国营或集体性的剧团,改革的同时相继成立了一些新的剧种和剧团,其均有添置剧装戏具的需求。此外,各地剧装的私营店铺,经社会主义改造后,成为国营的文艺用品专营店,相关货品的产生刺激了大量需求。因此,各地剧团商店络绎至苏采购剧装,使得苏州剧装行业蓬勃发展,其业务输出达到了顶峰。1955 年,苏州的剧装总产量达 20200 余件,1956 年增长至 27659 件,1957 年连续突破产量至 38672 件,营业额达 2780094 余元。①

苏州剧装戏具厂原貌(大门)　　　　　　成合车间与门市部

图1-4　苏州剧装戏具厂(老厂)旧貌

　　1958 年,苏州剧装业以私营作坊、个体店铺、生产合作社为主体经营,为响应政府提出的合作化政策,成立苏州剧装戏具厂(图1-4),手艺职工人数从 400 余人增加至 661 人。由于苏州戏衣生产合作社在 1956 年由全行业 60 多家店坊合并而成,几乎是苏州剧装行业的所有店铺总量,因此苏州剧装戏具厂的企业历程基本相当于合作化以后苏州的剧装行业发展历程(图1-5)。

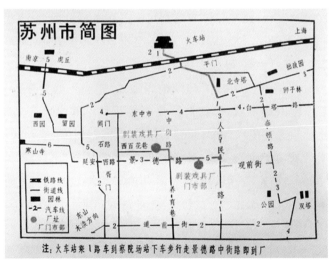

图1-5　苏州剧装戏具厂(老厂)地址

笔者拍摄于《苏州剧装戏具厂戏衣戏具目录表》(1984 年编)

①　李书泉. 苏州剧装戏具厂志. 苏州剧装戏具厂技术开发科(内部资料 未出版). 1985:72.

二、建厂后的发展

1959 年,为不断扩大业务量,提高剧装制作效率与质量,苏州剧装戏具厂成立了图案设计室,全心全意做传统图案的研究与开发,专门整理归纳图案资料。至 1960 年,剧装的产量由 1957 年的 38672 件增加到 154830 件,出现了里程碑式的盛况。①

"文化大革命"期间(1966—1976 年),帝王将相、才子佳人的题材是被打压的"四旧"对象,传统戏被禁演。其间上演的革命样板戏借鉴了西方的话剧舞台美术形式,用西方绘画形式的写实布景、道具和生活化的服装,改变了传统戏曲写意、象征的舞台美术形式。传统剧装戏具的成品和半成品被破坏,样稿资料被直接烧毁,更彻底的是,一大批技艺人员被下放到苏北农村务农,剧装行业进入萧条时期。

1976 年 10 月,"文革"结束,文艺界迎来了百花盛开的春天,被禁绝了十多年的传统戏剧重新登上了舞台,深受观众喜爱的古装戏焕发了新生,各地纷纷复排传统戏,使得剧装市场一度空前繁荣。

从 1978 年起,由于文化部对于恢复优秀经典传统剧目的重视,相继举办了对一些杰出艺术家的纪念活动。中国戏曲学院于 1978 年招收新生,戏曲教育得以恢复,培养了大批剧装行业人才。在此基础上,各地演出剧目也开始丰富,一改"八亿人民八个样板戏"的局面,戏剧界的氛围逐渐活跃。1978 年 12 月,随着中共十一届三中全会的召开,一场思想解放运动在全国展开,在戏曲舞台上则表现为大量传统剧目的涌现。到 1979 年年底,全国各地上演的传统剧目已在总体演出剧目中占有主要份额,一改戏曲舞台上演剧目稀少、格调单一的非正常局面。至 1980 年,全国已有 200 多个剧种、2000 多个剧团得到恢复,全国的戏剧文化工作者已有 20 余万人。

由于技术资料和样稿都在"文革"初期损毁殆尽,相当一部分技艺人员也流失四处,因此一开始的恢复工作困难重重。当时,苏州剧装戏具厂的原班人马年龄多在 50 岁以下,经验丰富,正是依靠这支技术力量,断裂的传统才得以较快恢复和接续。

在悠久的技术传承和企业的规模、产业链完整度的基础上,丝绸市场和苏绣互相协作,经过一段时间的修整与发展,很快确立了苏州剧装厂在戏衣行业的龙头地位,1983 年仅成合车间做蟒袍的小组就有 18 人。当时轻工业部对行业的定价和质量评定,大部分采用苏州剧装戏具厂的数据作为标准。苏州传统戏衣行业迎来了又一个春天。

出自苏州的剧装不仅在中国内地有较好的声誉,同时还销往我国港澳台地区和东南亚国家,20 世纪 90 年代曾被轻工业部授予工艺美术"百花奖",在当时国内剧装营销市场上约占据 40% 的份额。

① 李书泉. 苏州剧装戏具厂志. 苏州剧装戏具厂技术开发科(内部资料).1985:77.

2000年,改制后的苏州剧装戏具合作公司挂牌运营,但此时的形势相当不乐观,无论是内因还是外因,都发生了很大的变化。剧装戏具业受到剧团减少带来业务缩减的影响相当大,市场需求和20世纪50年代时相差甚远,20世纪50年代戏剧文化是主流文化,观众和剧团数量庞大,因此市场比较繁荣;20世纪70年代虽然经历过"文革"对传统戏的压制,但也正因为"文革"期间对剧装戏具的破坏销毁,才会在恢复传统戏后,对戏服有空前的需求,一时市场供不应求。但进入21世纪,文化的多元化和生活节奏的加快,戏曲文化不可避免地沦为边缘文化,各地剧团数量纷纷缩减,戏衣的市场需求再也难以达到20世纪50年代和80年代的盛况了(图1-6)。

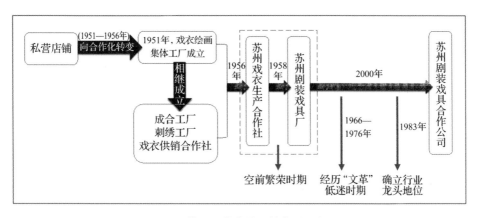

图1-6 苏州剧装戏具厂的发展历程图

改制以来,苏州剧装戏具合作公司虽仍保持着较大的市场占有量,但经营上面临的困难也相当多,作为传统手工业,许多工艺迄今仍是手工完成,工期长、产量低、成本高、负税重等是妨碍发展和技艺传承的最大因素。

第四节 苏州剧装行业的代表性传承人

千年以来,中国民间工艺美术技艺一直以师徒相授的传统方式手手相传,旧时剧装行内学艺,需有人做担保方能拜师,师傅解决学徒的温饱,学徒除了跟师傅学习手艺,师傅的生活起居、家务杂事也需要承担。行内拜师有规矩,简称"三三三"(做三年、学三年、帮三年),刚拜师的前三年,在店里打杂并且照顾师傅的生活起居;接下来的三年跟师傅学习手艺;掌握技术后还需要帮师傅做三年,只有在最后三年方能领工资。

这种"三三三"的体制实质上是手工艺经济时期的契约关系。师徒相互为彼此带来利益,手艺传承和劳动生产相辅相成。

一、清末至今的李氏三代技艺传承

在苏州剧装业内,李氏家族一脉三代的剧装制作经历,是难能可贵的剧装制作技艺的百年传承历史。清末李鸿林凭借出色精湛的技艺在苏州剧装制作业占领一席之地,其子李书泉继承父业,再到如今孙辈李荣森——国家级非遗传承人的坚守,苏州剧装制作业的百年传承史跃然眼前。

(一)李氏第一代传承人李鸿林

李鸿林(1891—1966),原名善仁,字佩卿,曾受旧时的私塾教育(图1-7)。1904年,在其弱冠之年拜杨鉴卿为师,在杨恒隆戏衣店学艺。从打杂开始,李鸿林从生炉子起学习碳熨斗的使用方法,打杂期满,方开始正式学习开料(旧时称"出样")、裁剪、缝纫、整烫等具体技术,首先掌握的款式是男大靠,往后在摸索中掌握了蟒、帔、褶子等几十种款式。学艺期间,李鸿林通过在放绣站①的学习,掌握了配线、配色、针法搭配等刺绣要领。基本掌握了剧装制作的每道工序后,1908年,李鸿林与吴佑高、顾顺宝等人被师傅派到北京的杨恒隆分店(前门外李铁拐斜街)。也正因为这次经历,李鸿林对剧装的业务与工艺的掌握有了阶段性的突破。在北京经营期间,由于紫禁城管制疏松,常有宫内升平署制作考究的剧装向外流出,李鸿林通过对宫内剧装的研

图1-7　李氏第一代传人
李鸿林(李荣森提供)

究,了解其与民用剧装的差异所在,并吸收与借鉴这些上层货品工艺,其眼界和制作技艺得到了再一次提升,为他往后的图案设计、款式修正以及色彩搭配等均打下了扎实的基础。同时,在与北京戏班老板和名角儿的接触中,李鸿林总结了他们的需求,为业务向北方拓展奠定了基础。

李鸿林满师后,帮师傅做满三年便独立营业,开设了李鸿昌戏衣店,承接剧装制作业务。经营期间,他亲自走访黄河南北、长江中下游地区,深度了解不同剧种对于服装款式和风格的要求。当时的戏剧名角如"四大名旦"、麒麟童、高百岁、李春如、孙钧卿、王琴生、王田玉等的戏衣,都由李鸿林为他们度身定制。20世纪50年代,他与厉家班(重庆京剧团前身)业务来往频繁,双方发展出深厚友谊,新中国成立后,通过重庆京剧团的媒介,历史性地开拓了苏州与四川的川剧团的业务渠道。1956年,李鸿昌戏衣店并入苏州市戏衣生产合作社,李鸿林在裁剪车间负责戏衣成合与设计工作。

---

① 放绣站:放绣是戏衣生产的一个重要环节,即完成戏衣的图案设计后,将面料送出刺绣之前对款式花型进行绣线配色,进行这一工作环节的地点称为"放绣站"。

1961 年,李鸿林参与苏州传统昆剧服装穿戴的挖掘与整理工作,参与整理了《昆剧穿戴》,制作了包括天官蟒、加官条、学士衣、青素、舞衣、霸王甲、虞姬古装、神将甲在内的多种款式。他将毕生所学与从业经验绘制了《戏衣裁剪技法》(六集),绘制出全部剧装款式的版型结构图与排料图,同时标注清楚耗料与各种规格,但不幸于 1966 年全部被烧毁。

作为 20 世纪到如今李氏三代剧装制作的首位艺人,李鸿林掌握了全面的剧装开料、裁剪、图案设计、放绣、成合等系列工序,在 1958 年曾当选为"老艺人"(苏州剧装戏具厂员工共 800 人有余,当选者仅 3 人)。他一生兢兢业业,并无私授徒,师傅杨鉴卿最终也把自己的儿子托付给了爱徒李鸿林,可见这一脉亲如父子的师徒真情。另有得意门生颜保根(曾任上海剧装厂车间主任)、孙德斌(曾任苏州剧装戏具厂裁剪车间主任、生产科科长)、商正福(曾于吴县刺绣厂工作)等。

(二)李书泉

李书泉(1921—2009)作为李鸿林之子,承袭父亲手艺,是李氏家族剧装制作的第二代传承人,尤其善于剧装图案设计以及放绣配色(图 1-8)。他不仅整理了关于剧装制作的文字,还编写了重要行业发展概要《苏州剧装戏具厂志》,为这个鲜有文字历史的行业留下了宝贵财富。

李书泉从小受父亲李鸿林的熏陶,在耳濡目染下培养了对剧装制作行业的兴趣。他年轻时跟随父亲学习相关制作技艺,合作化以前帮助父亲经营自家的李鸿昌戏衣店,经营期间掌握了剧装制作的基本技能,为了控制剧装图案的制作成本,开始学习和钻研工笔画和传统图案(旧时戏衣店专门裁剪、成合剧装,由专门的绘画作绘制剧装图案),并在日后成为其技艺所长。

**图 1-8 李氏第二代传人
李书泉**(李荣森提供)

李书泉的剧装图案绘制技法除父亲的指点以外,纯粹靠自我摸索,所以其画风相较于专门画剧装图案的绘画作坊更加灵活多变,并且李书泉有制作剧装的功底,所以在图案尺寸和布局的把握上,更加准确完备。李鸿昌戏衣店同时经营宗教祭祀、殡葬用品,对于这类产品的图案,李书泉在经营中也一并研习掌握。1956 年剧装生产合作化后,李书泉以其出色的图案绘制能力在图案设计室工作。"文革"期间对宗教文化的禁锢,使资料尽毁且无人研习相关文化,以致 20 世纪 90 年代,剧装戏具厂再度生产相关产品时,相关图案和技艺都十分匮乏,李书泉凭借以往的积累,绘制出了相当一部分宗教图案,并且留用至今。李书泉随后进入业务科,负责我国长江沿岸的各省份和西南地区(川、滇、黔)的业务,在安排生产、指导生产和质量检验的工序中,其个人技艺再次得到了全面而系统的提升。

对于技艺传承的方式，除了传统的家传与授徒以外，拥有一定文化基础的李书泉，将生平的专业累积转化为文字，以留给后人学习与参考。他曾在苏州工艺局的刊物上发表了《剧装刺绣色彩》《苏派剧装》等论文。"文革"结束后，李书泉于1985年编写了《苏州剧装戏具厂志》，详尽地记录了苏派剧装的起源与其发展历程。书中，他对自己的经历、走访的老艺人的经验进行总结，对苏州市档案局等多方资料进行整理，记录了清代末年至20世纪80年代的剧装规格（款式、图案、色彩以及品种）变化，通过产值、利润、工资等各方面的今昔对比完整地记录了苏州剧装戏具业的历史沿革，为后人留下了难得的文字史料。

（三）李荣森

李荣森（1956—　）为李书泉之子，是李氏剧装业的第三代传人（图1-9），也是苏州地区剧装戏具制作技艺的国家级非物质文化遗产代表性传承人，现任苏州剧装戏具合作公司董事长兼总经理，同时也是中国戏曲学院的客座教授。他年少时跟随父亲入行学艺，如今已是苏州地区乃至全国剧装制作行业的领军人物。精于工艺的他，同时继承了父亲李书泉的文墨，发表了多篇论文和著作，对剧装戏具制作的技艺与理论传承做出了重要贡献。

图1-9　李氏第三代传人李荣森
（李荣森提供）

李荣森在参加工作前一直在校接受文化教育，1979年跟随下放至盐城的父母返回苏州，分配至工艺局，派到苏州剧装戏具厂工作。李荣森对剧装图案深有见解，且经过盐城滨海县绣品厂的锻炼，刺绣（配色、针法）方面的运用非常娴熟，因此他在厂里的第一份工作是被安排在放绣站，由于他对图案、款式与角色匹配度的熟知，一年半后升为放绣站站长。至20世纪八九十年代，戏曲主流文化的地位受到多元文化的冲击，剧装戏具制作行业也面临销售困难的问题，为了稳固经济收入，李荣森等一行领导班子视危机为契机，成立了影视服装研究室，专门研究影视服装的市场要求和制作方案，此后完成了大批享誉全国的影视剧服装制作，包括日本影视剧《册封史》以及一些韩国影视剧。李荣森时任业务科副科长兼影视服装室主任，这样的双重身份需要他充分掌握市场需求，且对生产的每道工序了然于心，方能高效地指导生产。多年的工作实践使李荣森对于盔帽、鞋靴等制作技艺有了深入研究，能够做到与剧装的有机结合。1997年影剧公司的成立充分体现了李荣森的前瞻性，实现了研发、生产、经营的全面配套。顺应时代的影视服装生产解决了戏剧服装市场低迷的问题。

近年来，李荣森完成清宫服饰复制数件（黄地纳纱绣蝶恋花戏衣男帔、团花云鹤戏衣女帔等）；发表论文《浅论中国传统戏衣制作中的刺绣工艺》《中国剧装戏具制作的保护与传承》等数篇。2006年，出版《中国传统戏衣》（人民美术出版社）；2008年，主持完成北京奥运会2000人太极表演团队表演服装的制作工作；2010年，协助中山大学中国非物质文化遗产研究中心从事非物质文化遗产研究和保护工作；2012年，作品《掐丝点翠饰品》在中国（苏州）工艺美术·丝绸艺术大展暨首届"苏艺杯"精品评选上获得金奖（中国工艺美术协会颁发）（图1-10）；2012年，参加江苏省工艺美术（苏州光福工艺城）精品展；2013年、2014年，作品两次随中国戏曲学院赴美国（孔子学院）展示；2014年，完成《苏州丝绸志》中"剧装篇"的撰写，整理和记录了戏曲服饰制作过程中丝绸面料的使用品种和历史；2015年，参加文化部和江苏省文化厅在北京恭王府举办的"锦绣江南"工艺展；2018年，出版著作《传统戏曲头饰点翠技艺的传承与发展》（苏州大学出版社，国家级非物质文化遗产保护研究基地课题项目）。

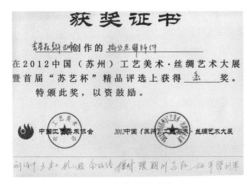

图1-10　李荣森获奖证书　　　　图1-11　非物质文化遗产代表性
　　　　　　　　　　　　　　　　　　　　　　　　传承人李荣森

李荣森身为国家级非物质文化遗产代表性传承人（图1-11）、李氏剧装制作的第三代传承人、非物质文化遗产保护单位的负责人等，肩负着不可推卸的传承使命。他认为传承中技艺分为两个环节，一是"上承"，即上一辈全面传授；二是"下传"，即下一辈全面学习技艺并融会贯通的运用。李荣森鼓励开料、成合、图案、放绣、盔帽的老师傅多收徒弟、无私教授，在良性的承接下，这门技艺得以传承下来。其徒弟之一翁维，长于剧装图案设计，现已是江苏省非物质文化遗产代表性传承人。

李荣森同时关注当代大学生相关专业的技艺学习，主张动手实践，2008年起分别与中国戏曲学院、北京服装学院建立了教学关系，坚持每年为相关专业的学生举办理论讲座，并将非遗单位作为中国戏曲学院和北京服装学院的学习基地，以培养适应时代发展的人才。

二、其他代表性传承人

（一）翁维

翁维，师从李荣森，2010年被评为江苏省非物质文化遗产代表性传承人（图1-12）。

1997年,翁维从苏州丝绸工学院毕业后,被分配至苏州剧装戏具厂,从事剧装图案设计工作,现为苏州剧装戏具合作公司图案设计室主任。

图1-12　翁维(师从李荣森)
江苏省非物质文化遗产代表性传承人

翁维的图案画风柔美,运线生动流畅且清秀,其从业期间为全国各大戏剧院团设计绘制的剧装图案不胜枚举,其中包括苏州昆剧院的青春版《牡丹亭》《义侠记》《玉簪记》,江苏省昆剧院的《1699桃花扇》,上海昆剧院的《长生殿》《南柯梦》,上海京剧院的《成败萧何》《关圣》,黄梅戏《徽州女人》《徽州往事》等。其中涉及的戏剧界的名角有俞振飞、王佩瑜、王芳、沈凤英、俞玖林、施夏明、单雯等。翁维凭借从业以来的经验与对戏曲的理解和认知,在图案主题的应用、布局构图上都有较大的突破。

2008年,翁维担任中国戏曲学院舞美系实习基地教师。2009年,作品《女帔》获"庆祝建国60周年苏州工艺美术大展"优秀奖。2012年,完成清宫戏衣复制黄地纳纱绣蝶恋花戏衣(男帔)、团花云鹤戏衣(女帔)工作;同年,此两项均在中国(苏州)首届"苏艺杯"精品评选中获得银奖(中国工艺美术协会颁发)。2013年,于《姑苏工艺美术》发表《剧装图案的设计制作》,记录了传统剧装图案制作的全过程。2015年完成《乾隆大阅图》中盔甲的复原(现收藏于苏州市园博会非遗馆)。

笔者在图案设计室调研期间,常常能看到翁维静处一边,或坐或站,思考图案的布局设计,有时下笔行云流水,有时则会反复地整理面料进行摸索。翁维认为,身为一个匠人,贵在坚持,就算是艺匠,重点也应该放在"工"上面,要潜下心来做手艺,一旦停下,技艺就会退化。

(二)张国民

张国民,师从李荣森,跟随李荣森从业30多年,主要负责戏衣的成合。他在1994年与李荣森合作,随后拜师,最早学习蟒衣、龙箭衣制作,而后在漫长的手艺生涯中,逐渐掌握了褶子、男靠、女靠、八卦衣、马褂、开氅、官衣等几十个剧装品种的制作。张国民对于每个剧装品种的尺寸、制作步骤和配料比例都烂熟于心,对剧装的成合有着严谨的态度,对学徒也以严格的要求教学。

张国民现为苏州剧装戏具合作公司的成合车间主任,主要负责成合工作的分配,负责搭配服装里子、滚边等辅料,记录员工的工作量与月底员工工资的结算和管理。

(三)吴伟潜

老艺人吴伟潜是苏州剧装戏具合作公司目前最年长的图案设计师,他从十二三岁起当学徒,二十七八岁即当师傅,于1976年进入剧装行业。刚入行时,以制作"样板戏"服装为主,做过的剧目有《白毛女》《红色娘子军》《红灯记》《智取威虎山》等。

在剧装戏具制作行业有着许许多多老前辈,他们把一生奉献给这个行业,并以点点滴滴的行动为技艺的传承添砖加瓦。盔帽老师傅陈永菊(1953—),1970年入行,对于盔帽繁复的工序可以做到独立完成(现基本为分工制流水线),2012年她为中国戏曲学院复制明代梁冠,改良了硬盔"额子"制作的檐口制作技术,以皮质梗条取代纸梗,使其造型更美观且延长了使用周期。朱存贵(1955—),1979年起从事剧装的开料、制版、成合工作。他成合制作的全金大龙蟒在1982年获文化部金奖,同年以其为原型注册了"金龙"商标。他改良了传统古装衣裙,将上下分体的古装衣裙上下作为连身,上衣加入胸省,下裙改为太阳裙或八片裙,提高了美观性和实用性。

第二章

剧装的种类与穿戴规制

剧装可总体分为戏衣、头帽（及头面）、鞋靴三类。其中戏衣可根据款式特征细分为蟒、帔、靠、褶、衣五类，其中"衣"是戏衣中除去蟒、帔、靠、褶四大款式类别以外的戏衣总称，衣又可具体分为长衣、短衣、专用衣、配件四个子类。剧装有三大美学特征，即程式性、装饰性和可舞性，穿戴规制就是程式性的主要体现，其中包括剧装的款式、色彩、图案对应剧中人物身份地位、性格、年龄等特征；这些元素的夸张性表现即是装饰性的体现；同时水袖、翎子亦是装饰性的元素，也是可舞性的代表元素。

传统剧装具有广泛适用性，即按照行业内相对统一的穿戴规则去进行程式化的应用。这种程式化便是穿戴规制，其表现为类型人物对应类型服装。自古"宁穿破，不穿错"的梨园行话即是伶人对穿戴规制重视的表现，这里的"错"指演员穿错剧中角色对应的款式、色彩纹样。剧装的穿戴规制中有三大原则："三不分"（不分朝代、不分地域、不分季节），"六有别"（老幼有别、男女有别、贵贱有别、贫富有别、文武有别、番汉有别），"定中变"（强调在类型化的基础上体现人物的个性）。

第一节　戏衣的种类与穿戴规制

要论及戏剧服装穿戴中的种种规矩、程式，就要谈到中国戏曲诞生、繁盛的特定时代背景——中国封建社会，而最能体现这一社会体制特征的就是"阶级"。[1] 明代以前，服饰的穿戴有严苛的制度，其体现于款式、色彩、图案、质料的使用条例规定上。《明史·舆服志》记录："洪武三年，庶人初戴四带巾，改四方平定巾，杂色盘领衣，不许用黄。又令男女衣服，不得僭用金绣、锦绮、纻丝、绫罗，止许绸、绢、素纱，其靴不得裁制花样、金线装饰……"[2]然而明代中期至清代，苏州地区的百姓服饰发生了极大的变化，龚炜《巢林笔谈》在论及吴地风俗侈靡时说："予少时，见士人仅仅穿裘，今则里巷妇孺皆裘矣；大红线顶十得一二，今则十八九矣；家无担石之储，耻布素矣；团龙立龙之饰，泥金剪金之衣，编户僭之矣。"[3]清代，清政府虽有剃发易服之举，但允许在戏剧演出时沿用明代服饰款式，即"优不降"[4]的说法，戏剧艺人得以在明代服饰的基础上，对历史服饰款式加以吸收而进一步丰富和改良剧装。相对宽松的政治环境使剧装形成了以明代款式为主、清代服饰为

①　岳微.戏曲盔头制作工艺及审美探析[J].歌海，2015（1）：14－22.
②　[清]张廷玉，等.明史 卷五一～卷一〇一[M].长春：吉林人民出版社，1995：1055.
③　[清]龚炜.巢林笔谈[M].钱炳寰，点校.北京：中华书局，1981：113.
④　清朝时，民间流传"十从十不从"（亦称"十降十不降"）的传说，"从"指服从清廷统治，剃发易服；"不从"指依旧按照汉人传统办。其中一条为"娼从而优伶不从"，指娼妓穿着清廷要求穿着的衣服，演员扮演古人时则不受服饰限制。

辅的形制。

传统戏曲的服装一般通用于各个传统剧目的演出。戏曲服装来自生活,但与历史上的生活服装又有区别。在封建时代,等级制度也鲜明地反映在服饰的规制上。为了防止艺人"僭越",封建统治者不但规定了艺人生活服装"不得与贵者并丽"①,而且舞台上的服装也有许多限制。所以昆剧衣箱中从未出现过真正的龙袍,而只用黄色蟒袍代替。昆剧艺人在表现上层人物时,只穿着一些不违禁的服装,加以纹饰,取其神似而已。民国起,服饰制度改变,对于龙和蟒的禁忌逐渐淡化,戏剧服装开始以龙作为蟒的图案,且一直沿用至今。

一、蟒的来源与形制

(一) 蟒的来源

蟒,其款式为袍,在历史服饰中,常见的袍有"龙袍""凤袍""蟒袍",为区分蟒袍和龙袍的称呼,"蟒袍"称为"蟒"。袍的产生始于周,是有表有里的夹衣,初为宴居之服。② 到了隋唐时期,"袍"用作官服款式,胸前开饰有"补子"(用来区分文武官员品级的刺绣图案)。袍上衣下裳相连,长袖宽身,或直身;领型有交领、直领和盘领,蟒袍领子结构便源于此处。③

戏剧中的蟒源于明代的蟒袍,在历史服饰中其本为赐服(图 2-1)。蟒袍上的蟒纹与皇室所用龙纹相似,但仅有四爪。明代文学家沈德符曾述:"蟒衣为象龙之服,与至尊所御袍相肖,但减一爪耳。"④历史服饰中的蟒袍多为高官、贵戚、权臣和外族王侯所穿用⑤,且非特赐不得穿着。

明代赐服分为蟒衣、飞鱼、斗牛,蟒衣属最为尊贵者。帝王赐蟒衣给宦官的做法在永乐之后,《明史》有曰:"宦官在帝左右,必蟒服,制如曳撒,绣蟒于左右,系以鸾带,此燕闲之服也。……贵而用事者,赐蟒,文武一品官所不易得也。"⑥沈德符认为明英宗正统年间,蟒衣开始赐赏外族首领,而内阁赐蟒则始于弘治十六年(1503 年),《典故纪闻》中有载:"内阁旧无赐蟒者,弘治十六年(1503 年),特赐大学士刘健、李东阳、谢迁大红蟒衣各一袭。赐蟒自此始。"⑦此后,随着赐蟒行为的越加频繁,蟒衣的使用和穿戴也愈加宽泛。

① 傅伯星. 大宋衣冠图说宋人服饰[M]. 上海:上海古籍出版社, 2016:80.
② 《汉书·舆服志》云:"周公抱成王宴居,故施袍。"《逸雅》云:"袍,丈夫著下至跗者也,妇人以绛作衣裳,上下连,四起施缘亦曰袍."
③ 黄辉. 中国历代服制服式[M]. 南昌:江西美术出版社, 2011:28 - 29.
④ [明]沈德符. 万历野获编[M]. 北京:中华书局,1959:830.
⑤ 宋俊华. 蟒衣考源兼谈明宫廷演剧的武将装扮[J]. 中山大学学报(社会科学版), 2001(4):56 - 62.
⑥ [清]张廷玉,等. 明史 卷五一~卷一〇一[M]. 长春:吉林人民出版社, 1995:1054.
⑦ [明]余继登. 典故纪闻[M]. 北京:中华书局,1981:292 - 293.

图 2-1 茶色绸平金团龙蟒（明 孔府旧藏）

民间亦有传说,皇家常赐予宫廷戏班御用之服,赐服之前挑去龙纹上一爪,以示区别;明代家班盛行,家班演出时也常借用蟒衣来装扮剧中相关人物。明代作为赐服的蟒衣分为圆领蟒衣、交领蟒衣,其中圆领蟒衣齐肩圆领,右衽大襟阔袖,左右裉下各缀有一摆,戏衣中的蟒即源于此。

（二）蟒的概要

蟒,行业内也称为蟒袍或蟒衣,是戏剧中王侯将相、后妃郡主等身份高贵者上朝、出巡、坐堂等正式场合所穿的礼服。蟒袍在明代赵琦美《脉望馆钞本古今杂剧》的"穿关"一折中已经出现。[1] 蟒可按照性别分为男蟒和女蟒两类。男蟒,衣长及足,深衣制式;齐肩圆领,大襟右衽,直腰阔袖。剧装中,将明代的蟒服阔袖改为直袖,并且在袖口添加水袖,裉下有插摆结构(简称"摆"),"唐代谓之'燕尾',明代则曰'插襬'"[2],保持了明代官服的基本特点。裉下缝有环襻,在穿戴时,用来挂宽大尺寸的环状玉带,与蟒组合为"蟒袍玉带",武将所穿的蟒袍另需搭配三尖领。女蟒与男蟒的领型、大襟结构基本相似,但衣长仅及膝下,穿着时需配裙,是上衣下裳制式。女蟒两侧无摆,穿戴时需搭配云肩。如今的剧装已与历史生活化服装有很大区别,其意在于增加蟒在戏曲舞台表演中的可舞性,前者基于后者的服装形制与艺术,不断糅合其他表演艺术元素,逐步脱胎于生活服装,形成极具表现力的舞台服装。

蟒袍以图案分类,最为常见的有大龙蟒、团行龙蟒,二者的龙纹皆为具象龙纹。团龙蟒男女皆可使用,男子多用于王孙贵族中从文的角色,如《打金砖》中的东汉光武帝刘秀。女子多用于后妃及年长且德高望重的角色,如《四郎探母》中的佘太君。大龙蟒以单独的大行龙占据蟒袍胸部位置,威严而有气势,多用于性格粗犷豪放的王侯大将。

---

① 高志忠. 明代宦官文学与宫廷文艺[M]. 北京:商务印书馆,2012:188.
② 周锡保. 中国古代服饰史[M]. 北京:中国戏剧出版社,1984:397.

(三) 改良蟒袍

剧装的改良蟒袍,一般有团行龙改良蟒、草龙改良蟒、箭蟒等,前两者主要是图案上的改良,后者是袖子款式的改良,尺寸与形制基本与大龙蟒相同。

团行龙改良蟒的改革主要来自马连良先生,他主张在保持蟒袍形制的基础上,简化烦琐的纹样。传统的蟒袍全身共有四个团龙,而改良行团龙减少到前后胸各一个团,同时放大这两个团的尺寸,使其更为夺目。将散点布局在大身上的祥云、八宝图案全部去除,而在海水纹上端添加了对称的二龙戏珠行龙图案,使蟒袍整体更加清爽别致而不失气场。其蟒袍颜色一般为秋香色或浅褐色,象征人物的老练与沉着,一般为老生行当所穿。马连良对于蟒袍图案删繁就简的改革在当时得到了观众和表演艺术家的认可,遂一直沿用至今。

草龙改良蟒是在团行龙改良蟒的基础上对纹样做进一步的简化,图案以中国古代草龙纹样代替了清代具象的龙纹样式,减去了团行龙蟒下身的行龙纹样,江崖、太阳也一并减去,留下弯立水蟒水,同时以束腰软带代替挂玉带,颜色多为古铜色或秋香色,改良后整体更轻便简练,适用于身份地位次于重臣又非普通官员的老生行当,如《淮河营》中西汉吕后专权时期的老臣蒯彻。

箭蟒亦是马连良先生在传统蟒袍的基础上吸收了箭衣的一些特点,两款糅合而成的款式。箭蟒的大身与传统蟒袍一致,只是将带水袖的阔袖改为与箭衣同款的窄袖和马蹄袖口。箭蟒的团龙纹则借鉴于明太祖画像上(历史人物画)所穿的皇龙袍制式,将身上十个团龙减少为六个,分布于前后上下身四个,上臂左右各一个。箭蟒的改良是针对《胭脂宝褶》中的老生永乐帝朱棣所设计的,以符合朱棣微服出巡的需求,既有一般武士的样貌,又留存帝王气质。穿着时,头戴武生巾,下配厚底靴。(图2-2)

(a) 团行龙改良蟒　　(b) 草龙改良蟒　　(c) 箭蟒

图2-2 改良蟒图示

（四）蟒的穿戴规制

蟒袍是"行头"中使用较为频繁的一种戏衣。在故宫博物院所收藏的《穿戴题纲》中，穿红色蟒袍的角色占据很大比例，如昆曲《昭君》中的主角王昭君、《庆成》中的窦婴和卫青、《霸王别姬》中的韩信、《罢宴》中的寇准、《长生殿》第二十出《侦报》中的郭子仪、《赵氏孤儿》中的屠岸贾，弋阳腔《万里封侯》中的班超、《灏不服老》中的梁固等。另外，一些剧目为了故事需要皆穿红装，也称为"满堂红"，例如昆曲《天下乐》（明·张大复）一折中的《钟馗嫁妹》为渲染喜庆氛围，剧中角色杜平、顾永、春庆、万安和常吉均身着红色蟒袍，其他配角也皆是红色戏衣。

通过《穿戴题纲》的考证，蟒袍主要穿着对象为帝王将相、官员权贵等人物，扮演文臣武将的老生、小生、武生皆可穿着。红蟒使用频率最高的还属《穿戴提纲》中所记录的仪典戏。[1] 这与当今传统戏蟒的穿戴规制几乎相同，并且当今传统戏中的一些具体的人物扮相，也与史料记载中十分相似，不难发现其中的传承关系。譬如屠岸贾、周瑜、关公、项羽、孙悟空等一些经典历史角色和小说人物，都有其特定的标识性装扮。

在色彩方面，清朝的蟒袍颜色已相当丰富，从色彩与角色对应关系上分析，当今传统戏的蟒袍用色也与清朝时期颇为相似，大体分为红、明黄、杏黄、白、蓝、绿、紫、粉红、淡湖、浅米、秋香、豆沙色等。一般从所穿的蟒袍颜色上就可以辨别人物的身份高低，这源自明代服色制度的影响。《明史·舆服志》中有言："洪武三年，庶人不许用黄"，"一品至四品，绯袍；五品至七品，青袍；八品至九品，绿袍；未入流杂职官，袍、笏、带与八品以下同"。[2] 同样，在戏曲艺术中，明黄与杏黄蟒袍为帝王、皇子、妃后以及齐天大圣的专用色，扮演皇帝时可以用红蟒代替黄蟒，藩王角色可以用紫蟒代替杏黄蟒，但其他颜色蟒袍不得用黄蟒代替。将领主帅和文武官员多用淡色，如淡湖色、粉红和白色蟒袍，或可以用红蟒代替。红色蟒袍为王侯将相、驸马等尊贵人物所穿。白蟒多用于统帅和中青年等高级武将。紫蟒、蓝蟒、黑蟒为老年角色通用。古铜、秋香和豆沙色主要用于地位较高、年龄较长的高级官员。绿色蟒袍则为身份相对较低的人所穿。

此外，一些剧目随年代更迭已失传，一些人物穿戴在当今舞台上无法演绎，因此也无法做出具体比较。

二、帔的来源与形制

（一）帔的来源

戏曲中的帔原型为明代上等女子所穿着的礼服——大袖褙子（图2-3）。褙子在中国

---

① 丁汝芹. 清宫戏事——宫廷演剧二百年[M]. 北京:中国国际广播出版社, 2013:22 - 23.
② [清]张廷玉, 等. 明史　卷五一~卷一〇一[M]. 长春:吉林人民出版社, 1995:1047.

服装史上由来已久，并非明代产生。隋唐时期便有了褙子款式，但其衣长较短，与戏曲服饰中的帔长度相差甚远。宋代的褙子领子直通下摆，侧缝开衩高，前后一片上分别缀有装饰条带，其款型与戏曲中的帔也有所出入。至明代，褙子演变为两种款式，其一是窄袖、领至下摆的大领褙子；其二是领至胸口的半领褙子，半领褙子的出现时间大约为明末，款式为阔袖、半长领、衣长及裙，侧缝腋下开衩（图2-4）。[①] 作为披风所用，而"披"字在剧装中谐写为"帔"字。此款褙子的款型与帔基本相同，因此帔是以明末褙子款式为基础，为增加其可舞性与艺术性，经过美化和修饰演变而来的。

图2-3　明代半领褙子样式

图2-4　雍亲王仕女图（局部）

（二）帔的概要

帔在戏剧中是帝后、官宦贵人、命妇以及乡绅人物在非正式场合所穿的常服，为男女通用款式。其款式为对襟长袍，大领及胸口，阔袖缝缀有水袖，侧缝开衩至臀。男帔衣长及足，通常配方领；女帔衣长仅过膝，领子有两种，一种是齐头领（直方形），另一种为如意领，多用于花旦、闺门旦。戏曲服饰中的款式与其在剧中的人物身份和场合紧密相连，帔的对襟大领下通常缀有装饰飘带，加之纹饰一般为团花或植物、花鸟自由纹样，相对于蟒袍"全封闭式"的款式和图案的庄严华丽，帔对襟开口的款式更能给人从容自由的感觉，所以常被用作家居场合的便服。帔的面料一般为大缎和绉缎，绉缎更柔软，多用于女帔。

（三）对儿帔

对儿帔是两件帔，作为一对，是剧中有身份地位的夫妻二人共同表演时穿着的服装。老生与老旦所穿的对儿帔一般图案（团花）形式相同，常用寿、鹤、蝙蝠、瓦当、云等，虽然图案相对较为古板，但恰好表现人物稳重的特点；绣法也基本相同，领型均为齐头领。因单款的老生团花帔称为员外帔，所以与女款组成对帔时，也称为员外对帔。年轻夫妻或婚

① 薛梅. 明代服饰审美文化研究[D].济南:山东大学,2008.

礼中新郎新娘所穿对儿帔,底色相同,图案、绣法也相同,可用团花、角花或枝子花,但女帔的领子为如意领。对儿帔中有一特殊款式图案不同,即皇对儿帔,皇帝所穿皇帔是团龙纹,少数为对称行龙纹,用三蓝或素五彩绣制并勾金;而皇后、妃子所穿女皇帔是团凤或对称行凤纹,用鲜五彩绣制并勾金。以龙凤为图案,是皇家专用的对儿帔。

(四)帔的穿戴规制

明末褶子款式在妇女穿着时搭配立领斜襟褂子,立领的搭配方式也被沿袭到戏剧服装中,穿着时男帔内搭素褶子,女帔内搭素褶子或素青衣。由于夏天穿戏衣比较热,会将素女褶子(青衣)替换成褶子样式的背心或半身的女褶子,使舞台表演更加自如轻松。帔对襟的穿着使用领口处的暗扣,不使用领子下端垂坠的宝剑飘带打结,一般自然垂于胸前,起到装饰作用。

1. 男帔

男帔常用的面料颜色有明黄、鹅黄、红、黑、紫、秋香、古铜、绛色等。常用图案有龙(一般为团龙)、草龙、鹤、蝙蝠,另有团寿、团花、散枝花、回纹等,其中团寿常与蝙蝠图案搭配使用。常见的样式如下:

皇帔,为皇帝专用,采用明黄色绉缎,一般以三蓝绣或素五彩绣制十个团龙纹图案(或勾金),明快大气,是文老生(王帽老生)所穿。穿皇帔时一般搭配九龙冠和高方靴。典型角色有《打金砖》《上天台》中闲居时的刘秀(汉光武帝),《逍遥津》中居后宫时的汉献帝刘协。

红帔,以红色绉缎为料,一般以鲜五彩绣有牡丹团花,配回纹、卷草、如意盘金。一般为文小生(官生)所穿,是新科状元的居家便服,也用于官吏婚典或喜庆团圆场合,搭配纱帽和厚底靴。代表性角色有《奇双会》中的赵宠,《长生殿》之《定情赐盒》中的唐明皇(李隆基),以及《望江亭》中的潭州太守白士中。

员外帔,以秋香、绛红、紫色、宝蓝绉缎居多,一般为团花图案,如团鹤、五福捧寿等,象征福寿延年,所以也叫团花帔,为老生所穿。紫色一般配三墨绣(三灰线)勾金,为退职后的员外便服,如《状元谱》中的陈伯愚。古铜、秋香色为年迈而身份高贵的乡绅富豪闲居所穿,如《乾坤福寿镜》中的宁武镇守林鹤。宝蓝色绉缎一般以三墨绣勾金或直接用盘金绣绣制团鹤、团寿,多为官吏居家时所穿,如《二堂舍子》中的刘彦昌。

2. 女帔

女帔常用面料为绉缎,团花帔常用的颜色有黄、红、黑、绛色、宝蓝、湖蓝、秋香、古铜等。花女帔常用的有粉红、皎月、水蓝、鹅黄、雪青、紫罗兰等。女帔多用花草图案,如梅、兰、竹、菊、茶花、蔷薇、芍药、牡丹等。团花帔除了花草外,也用蝙蝠、寿字、回纹等。

女皇帔,分为团凤帔和老旦皇帔,均为如意领。团凤帔以明黄色绉缎为料,用鲜五彩绣有十个团凤,是皇后、贵妃专用。一般下身配大裥裙,头戴凤冠,穿彩鞋。女皇帔多与皇帔是对帔,如《打金砖》中光武帝的宠妃郭妃,《龙凤呈祥》中的孙尚香。老旦皇帔,以鹅黄或明黄绉缎为料,鲜五彩绣有十个龙凤团,为皇太后专用。头戴老旦冠,下身配大裥裙,马面部分可绣花也可留白,一般裙为墨绿色,以显素雅沉稳,穿福字履。如《龙凤呈祥》中吴侯孙权之母吴国太形象。

女红帔,基本与男红帔配对使用,同时上演。团花与绣线色彩与男红帔完全一致,配如意领,为正工青衣所穿,是年轻贵妇、新娘的礼服。穿女红帔时梳古装头,下身配红色绣花大裥裙,穿彩鞋。如《凤还巢》之《洞房》中的程雪娥(图2-5)。

图2-5 程雪娥与穆居易所穿红地团花帔　　图2-6 白素贞穿白地团花帔

女团花帔,以紫色、宝蓝绉缎居多,配如意领,旦行中花旦所穿,角色多为已婚的少妇。以寿字、福字、牡丹等构成饱满平稳的团花,团花布局对称严谨、大方得体,以示人物端庄的仪态,如《宝莲灯》中的王桂英穿宝蓝绉缎鲜五彩团花帔,《白蛇传》中婚后的白素贞穿白绉缎文五彩勾金团花女帔(图2-6)。另有老旦团花帔,为老旦所穿,也叫安人帔,适用于剧中有身份地位的老年妇人。虽都为团花,但领子形式略有不同,老旦团花帔的领子与男帔同为齐头领。下身穿素马面大裥裙,头戴老旦冠,配福字履。《西厢记》中,崔莺莺之母崔夫人所穿便是安人帔。

女花帔,形式较为多样,常用粉红、皎月、蜜黄、水绿、水蓝、血牙色等绉缎。有均衡图案女花帔、对称图案女花帔、角花女帔。适用角色为出身官吏、乡绅富豪家庭的未婚女子。其多以文五彩绣制单独的枝子花,对称图案女花帔,一般为正工青衣穿着,可用于少女,亦可用于端庄少妇,表现庄重大方,配古装头、百褶裙和彩鞋,如《西厢记》中相国之女崔莺莺(图2-7)。均衡式女花帔适用于五旦,角色为青春少女,梳大头,配百褶裙和彩鞋,表现活泼天真以及追求自由幸福的特征,如《游园》之《惊梦》中的太守杜宝之女杜丽娘。另有闺门帔,素地无绣,仅在衣边绣制三寸宽的宽花边,现用角花帔代替。

黑绉缎帔,是以三墨绣勾银或皓白线勾银团花、枝子花装饰,是后妃、命妇们居丧所穿,如《赵氏孤儿》中的庄姬公主(图2-8)、《杨门女将》中的杨七娘。

图2-7　崔莺莺穿白地均衡图案女花帔　　　图2-8　庄姬公主穿黑地白玉兰花帔

观音帔,是观世音菩萨专用款式,以白色绉缎绣墨竹勾银或直接盘银竹叶,竹叶散点布局或以枝状竹子对称布局,以象征观音所居地为南海仙山上的竹林。穿观音帔时,头戴观音兜,下身配素百褶裙,足穿彩鞋,如《鲤鱼仙子》中的观世音菩萨。

三、靠的来源与形制

(一) 靠的来源

靠源于清代将官的锦甲戏服(图2-9),又糅合了明代胄甲元素。其结构复杂,以锦为面子,绸缎为里子,内衬丝棉。款式的形制为上部甲衣,下部围裳。清代锦甲是区别于古代铠甲的无甲片戏服,只以金属片装饰在胸口和背心处等。从整体看,戏服的装饰性大于其防护性。可以说靠的图案脱胎于铠甲,又借鉴了戏服的款式,演变而形成更加美观、更加适于表演需求的甲衣(图2-10)。

图2-9　清代乾隆帝阅兵铠甲　　　　　图2-10　绿大靠(硬靠)

(收藏于故宫博物院)　　　　　　　拍摄于《中国传统戏衣》

（二）靠的概要

靠即甲衣,是武将出征时穿的铠甲,又称"戎服",用于将领和特别的女性英雄人物,分为男靠和女靠两类,均以大缎所制,一般的衣箱中备有十件男靠和五件女靠。

男靠由靠身、下甲、靠领、靠旗二十四副,林林总总五十至五十三块面组成,虽部件繁多,但仍采用我国古代传统的前后连身形制。男靠齐肩圆领,窄袖,束袖口,左右护肩形似蝶翅,前后身由方肩相连,左右腋下有护腋(一名"腰窝")各一块,领口佩戴三尖领,其以夸张的硬靠肚与袖片表现将领的器宇不凡。三尖领除穿靠时佩戴,还用于蟒袍和箭衣,表示武将身份。

男靠上一般装饰有虎头,虎头分为小鱼虎头和开口虎头,小鱼虎头顾名思义在靠裙鱼片尾部,虎头带胡须,开口虎头位置在靠肚,虎头张口露獠牙(或吐舌头),无胡须。

女靠最早亦为齐肩,后吸收了西式肩部裁剪的方式,将我国传统平裁的齐肩改为符合肩斜度的斜肩(肩斜线与齐肩夹角约17°),由靠深,下甲(腿裙),靠旗,下摆飘带(上下两层长、短飘带)各二十根,总七十八块组成,护肩呈蝴蝶翅形状,束袖口,前身为软靠肚,后身为软腰,极富装饰性与可舞性,穿着时戴云肩。

靠旗是靠的重要装扮,源于我国古代行兵打仗的令旗。令旗的尺寸较小,将其设计为靠旗的时候,把三角旗面的原型尺寸放大,并夸张了图案的形式。一件靠通常配四面靠旗,靠旗使用颜色与靠相同的大缎,男用靠旗一般绣有单龙戏珠,女用靠旗绣凤穿牡丹。靠旗是针对舞台表演而产生的极具可舞性与夸张性的装扮,在我国漫长的服装史上极少有类似款式。

（三）改良靠

改良靠为周信芳先生所设计,起初是为了适应《献地图》中刘备"内穿靠而外袭官衣"的特殊要求而创的。[①] 后经过不断的试演和反馈,最终定型。它与传统靠最大的区别在于靠肚,因为改良靠使用腰束更紧身合体,所以去掉了连接上下身的硬挺的靠肚,促使改良靠又回到了传统的"上衣下裳制",其造型与清代铠甲更为相像。改良后的靠腿也相对简化为前后左右四块,腰束软带与护肩上有凸起的虎头装饰,甲片以排穗装饰。

改良靠相对于传统靠减弱了夸张性,削弱了豪放威武的气息,更为简练、轻便,用于一般的武将官员,更多则为番邦将官所穿,以示与主将帅的区别。如《铁弓缘》中的太原总镇石须龙的部将。

女改良靠的改良方式基本与男改良靠相同,减去了腰间的靠肚和靠腰,改为软带束腰,穿着时一般头戴蝴蝶盔并插翎子,脚配薄底彩靴,适用于绿林女杰一类的武旦表演高难度的武打动作。如《扈家庄》中扈三娘一角(图2-11)。

---

① 谭元杰. 中国京剧服装图谱[M]. 北京:北京工艺美术出版社,2008:86.

（a）男改良靠　　　　　　　　　　（b）女改良靠

图 2-11　改良靠线描图

（四）靠的穿戴规制

靠的扎扮分为硬靠和软靠两种。硬靠扎四面靠旗，表示全副武装，随时迎战；不扎靠旗的称为软靠，表示武将处于非战斗场合。扎扮靠旗时，将牛皮所制的贝虎壳扎于后背，靠旗插入贝虎壳中，以背部为中心向上成放射状，靠旗形成向外延伸和扩展之状，进一步烘托穿着者威武霸气的英姿，同时增强了装饰性与可舞性。

男靠铺地纹样一般为鱼鳞纹或丁字纹，在每个部件边缘一般为双层连续纹样（"大边"和"小边"），内侧一层为草龙纹或回字纹，外侧一层为水浪纹，或两层均为一大一小的水纹（内大外小）。一般武生或老生所穿的靠肚用双龙戏珠或单龙图案，武生花脸的靠肚则用大虎头，显示其粗犷豪放的性格特征。

女靠在靠肚、马面、蝴蝶袖、靠腰上均运用凤穿牡丹的图案，甲片边饰和飘带用如意、牡丹、宝相花等，用鱼鳞纹、韦陀纹等铺地；云肩可用凤穿牡丹，也可直接用盛开的牡丹；靠旗为单凤牡丹图案，边缘为水浪纹。以鲜五彩绣制图案且勾金，前后飘带均饰排穗，云肩缀"网眼排穗"。

靠的穿着主要讲究靠色与剧中人物特征相匹配，色彩程式性与蟒基本类似，一般是将帅扎上五色，反将扎下五色。历史人物中的特定英雄，在戏剧中穿着特定颜色和图案的靠（一般为上五色），因其极具特征性，所以这类靠也以英雄人物的名字命名。

霸王靠，为秦末西楚霸王项羽专用款式，早期清宫戏剧中霸王靠绣有象鼻，甲片为方形，后在 20 世纪 30 年代首先由金少山（1889—1948）和梅兰芳演出《霸王别姬》时提出霸王靠的专用性，并为之进行设计，此后沿用至今。霸王靠为黑色大缎以盘金绣丁字甲铺地

32

纹,最具特征性的是大龙靠肚下缀"网眼排穗"(黑色或黄色),角色行当属于净行中的架子花脸,为软靠扎扮,搭配黑色夫子盔与厚底靴(图2-12)。

图 2-12 《霸王别姬》中项羽穿霸王靠   图 2-13 《战长沙》中关羽穿绿关羽靠

关羽靠,有鹅黄和绿色两种,是戏剧中三国时期的大将关羽(红生)专用的靠。清代末年,夏月润(1878—1930)在《走麦城》中专门为关羽一角设计制作了鹅黄色大缎盘金大龙靠,特地配置了四大四小八面三角靠旗,象征"八面威风",此鹅黄色硬靠扎扮也运用于《水淹七军》等剧目中。绿色关羽靠不扎靠旗,为软靠扎扮,以绿色大缎盘金绣大龙靠身,靠肚缀以黄色或橘色"网眼排穗",考究的则以排穗装饰每块甲片,双肩装饰虎头与绿色夫子盔和虎头靴搭配。在过去一些名角的私房货中,对关羽靠的美化与装饰发挥到极致,将甲片边缘的水浪纹改为孔雀翎羽纹样,甚至有用真孔雀翎羽装饰甲片边缘的,极为雍容华丽(图2-13)。

靠的用色的程式性,一般以角色的年龄、身份和性格等为依据。红靠一般用于身份地位较高、有声誉的角色,或是忠君正直的大将,如《战太平》中的花云、《将相和》中的廉颇等。白靠用于年轻英俊的武将,如《长坂坡》中的赵云、《杨门女将》中的刀马旦穆桂英,以及周瑜、吕布、马超等历史角色,另有一些潇洒的儒将也穿白靠,如岳飞、杨延昭、伍子胥等。粉红靠着重突出角色的年轻,男性表现风流倜傥,女性表现英姿飒爽,如《银空山》中的高思继,有时周瑜、吕布也扎粉靠,《穆柯寨》中的刀马旦穆桂英着粉红女靠。另有《杨门女将》中的央企娘扎黑女靠,年纪长的老旦靠一般为秋香色,如《对花枪》中的姜桂枝所穿。

戏剧中对于脸色和靠色有同色系和对比色系的应用,如《穆柯寨》中同时出现孟良和焦赞两名武将时,孟良为红脸红靠,焦赞为黑脸黑靠,从个体来看脸色和靠形成同一色系;从整体上看,一红一黑又起相互衬托的作用。也有红脸谱扎绿靠,如《伐子都》颍考叔为老红脸,以及典型的红生关羽,均扎绿靠,绿色在戏曲中象征着威武、刚毅,使脸色和靠的颜色形成对比色鲜明的反差,渲染人物造型。同样红脸扎绿靠的还有《收关胜》中的关胜、《铁龙山》中的姜维等。据演义小说中的描述秦琼的脸是发黄的，故在戏剧中，扎杏黄色靠。又如《两将军》中黑脸的张飞，以及牛皋、焦赞、项羽等角色均扎黑靠；蓝脸或以蓝色为主的扎蓝靠，如夏侯渊；紫脸的魏延、常遇春则扎紫靠。

另有一种特殊情况，剧中人物的姓氏或名字为颜色名称，则可依据姓名选择靠色，例如《定军山》中的黄忠、《群英会》中的黄盖扎黄靠，但黄靠的颜色有别于皇室所用的明黄，一般采用橘黄或杏黄色，又如《金山战歌》中的梁红玉，穿女红靠。

这些色彩的穿法基本是由戏曲用色习惯或是当时设计延承至今的，形成了一套穿戴规制。

四、褶的来源与形制

（一）褶的来源

男褶子的原型为明代男子所穿的斜领大袖衫便服（图2-14），这种形式的便服早在唐宋时期已为平民与士人所穿，历经了多个朝代。女褶子的原型为明代的小立领对襟窄袖袄，是一种用作内搭的衬衣，扎于裙内，搭配大袖或窄袖褶子用，仅露出小立领。小立领在我国古代服装史上出现较晚，是"程朱理学"[①]的思想禁锢在女子服饰上的体现（女子的脖颈需要用衣物遮掩）。至清代，在"男从女不从"的易服制度下，汉族女子得以继续使用明代所穿的汉服装束。京剧起源于清代，艺人们将女子所穿的小立领袄（衬衣）和阔袖褶子（外衣）相结合，形成了小立领对襟衫。

图2-14 《王时敏像》(明万历年间)中王时敏穿斜领大袖衫便服(明 曾鲸绘)

---

① 程朱理学亦称程朱道学，是宋明理学的主要派别之一。其中一项基本观点为重视伦理道德的"三纲五常"，认为"人欲"是超出维持人之生命的欲求和违背礼仪规范的行为，主张"存天理灭人欲"，女子服饰在此观念下的影响体现为朴素无华、修长而包裹严实。

（二）褶的概要

褶也称为"褶子""道袍"，在戏剧中广泛适用于上至帝王将相，下至读书人、江湖英雄、僧道儒神、底层百姓的便服。其款式为右衽大襟，斜大领。男褶子衣长至脚面，左右侧缝与胯下高度开衩，直身裁剪，阔袖，袖口接水袖。女士褶子为对襟，小立领，衣长短于男褶子，仅过膝。由于女褶子穿着的行当为青衣，所以女褶子又称为"青衣"。褶子以绉缎、软缎和大缎三种面料为主，绉缎所制较为柔软，一般用于图案较少的款式，或做内搭用；大缎一般用于图案面积广、绣活较重的花脸行当角色。

褶子造型虽简约，却有多种穿搭方式。最常见的褶子的穿法为单穿做外衣；其次是当作蟒袍和帔的内衬衫；再者，褶子可以披挂于箭衣外，两者形成"套装"，供武生、武丑、武花脸等行当的角色敞怀穿或斜披挂。褶子在戏剧人物服装造型的多样化中发挥了重要作用。

（三）褶子的穿戴规制

褶子造型简单，有完整的衣片供图案装饰，可以有多样的图案元素和布局变化，为不同行当和不同身份性格的角色提供充分的图案运用。根据图案的设计不同，可将男褶子继续细分为文小生花褶子、武小生花褶子、武生花褶子、花脸褶子、丑角花褶子、素褶子，可将女褶子继续细分为女花褶子、女青褶子、女白褶子、女富贵衣、老旦褶子等。褶子作为衬衣时多用散花、花边纹样，不用团花。

1. 男褶子

文小生花褶子，多为书生秀才所穿，常用颜色有粉红、蜜黄、皎月、大红、水绿、湖蓝等。用梅、兰、竹、菊等四季花卉做角隅纹样，也称为"角花"，即衣身主体的适合纹样在褶子的左下角，与右上角托领的纹样构成上下和对角的均衡布局，相互呼应，所以文小生褶子也叫"角花褶子"。北派的剧装花型布局饱满，而苏派对于文小生花褶子一般领子周边留白或只做少量纹样点缀呼应。例如《牡丹亭》中的书生柳梦梅，取其名字中的"梅"字，遂用梅花图案作为角花和领托，上（领子）下（角隅）花型饱满，中间段留白，整体疏密得当，表现人物大方得体、风流倜傥的特征。文小生花褶子中还包括一种花托领花褶子，一般为皂色、浅湖色或藕色，这种褶子仅在斜大领一周有图案，因此也称为"双托领"，整体素净。领部的图案一般用梅花散点布局，衬以冰竹纹，寓意品性高洁，适用于门第较贫寒的书生。如《红娘》中的书生张生。文小生穿褶子时，足配厚底靴，角隅花褶子一般配小生巾，贫困书生则戴桥梁巾。

武小生花褶子，常用颜色为白、粉红、皎月，一般以花草为主，八宝、回纹、藤头尾辅的二方连续纹样或对称的有延伸性的角隅纹样，装饰于褶子的下摆即侧缝开衩边缘，五彩绣且勾金（或勾银），也叫起边褶子。武小生花褶子一般用于身份较贵重的年轻儒将，搭配武生巾和厚底靴，如《蒋干盗书》中的东吴水军大都督周瑜。

武生花褶子,常用颜色为白、墨绿,用端草、草龙、八宝、暗八仙、花卉、回纹、藤头团花纹样做全身对称的布局,分别位于左右肩部、胸口、背心、前后下身各两个、左右袖子各一个,共十个团,所以也叫"团花褶子",用于武生和武老生,对应角色为地位较高的将领和绿林英雄,搭配将巾和厚底靴,如《野猪林》中的禁军教头林冲。另有起边团花褶子,在团花的基础上再附加边饰,也用于武生或武老生。

花脸褶子,用角隅纹样或散点纹样,角隅纹样为大枝子的角花,散点纹样一般为大流云纹。花脸褶子一般用于净角,用大气的图案衬托其性格粗犷豪放。穿着时,一般敞怀,头戴硬花罗帽,穿厚底靴,显示其霸气威武,如《除三害》中的周处。

文丑花褶子,常用红、绿色软缎,以散点小碎花、八宝纹样布局,也叫"散点满花褶子"。常用于迂腐的文吏以及奸诈好色的衙内和恶少,穿着时搭配荷叶巾与朝方靴。例如《蒋干盗书》中曹操的谋士蒋干。

武丑花褶子,常用黑色软缎,以蝴蝶、飞燕、蝙蝠、八宝纹样等飞行物种满散点布局,唯不用花卉纹样。用于武艺高强的侠士或性格诙谐的丑角人物,搭配花棕帽,脚穿鱼鳞洒鞋,如《三盗九龙杯》中的绿林好汉杨香武。

素褶子,是褶子中没有纹样的款式,根据具体特征可分为八个样式,分别适用于不同的剧中角色。素褶子中最常用的是"色褶子",多见的有红、宝蓝、湖、古铜、秋香等,一般用于老生。红色褶子是衬袍专用,外穿时表示犯罪或处于危险情况,宝蓝色褶子外穿表现儒雅而潇洒。其余各色视人物身份而灵活穿搭,没有特定性。穿帔时内衬褶子可以遮盖双腿,外穿时头戴鸭尾巾,脚穿福字履。青素褶子为白领黑衣,青(黑)色象征地位低、贫穷,一般为贫穷者、不及第的秀才所穿,如《问樵闹府》中的穷书生范仲禹。海清也叫"院子衣",为黑色绉缎所制,黑大领,穿着者为江湖好汉,如秦琼、武松、石秀等,也用于仆役、庶民、院子等,穿着时用绸条系于腰间,头戴黑色罗帽,脚穿厚底靴,如《义责王魁》中的老仆人王中。富贵衣即"穷衣",亦是黑衣白领,衣身上缀满杂色多边形碎绸片作为补丁,表示衣衫褴褛,象征落魄而穷困潦倒。穿着时头戴高方巾,脚穿皂靴。《赠绨袍》中官员范雎在乔装成穷人时曾穿富贵衣。老斗衣,又叫"紫花斗衣",以牙白色绵绸所制,是庶民老人的劳动衣,淳朴而简洁。短跳,短于一般褶子,所以也称"小褶子",领子可以绣花,一般为书童所穿,穿着时束腰系带,头戴孩儿发,穿童鞋。安安衣是比短跳更短的小素褶子,长度与袄类似,以棉布所制,白色大领,袖口为黑边(无水袖),为娃娃生所穿。青袍(无水袖),为黑色粗布制,是褶子中规格最低的一种,用于知县大堂上的衙差时,戴秦椒帽,脚穿黑薄底鞋,衙差因多穿此衣而得名"青袍"。

2. 女褶子

花褶子,为绉缎所制,根据图案的不同可细分为花褶子和花边褶子。花褶子的图案为适合纹样,类似女帔,在左右衣片的中下部位;花边褶子更为多见,图案为二方连续纹样,沿着门襟、领口、袖口、立领、侧缝开衩等处向两边延伸,纹样为各种花卉与卷草,多为文五彩绣，或勾金勾银。女花褶子用于出身于一般家庭的女子，可谓"小家碧玉"。

女青褶子，又名"青衣"，也称"黑衣褶子"，可以作内搭，也可外穿，黑色绉缎所制，并用宝蓝绉缎嵌线镶边，少数用皎月色绉缎镶边。用于端庄善良的贫苦妇女，也是正旦穿扮时的必用服饰，穿此衣的旦角也由服装得名为"青衣"，青衣行当由此而来。外穿时，梳大头，脚穿彩靴，如《生死恨》中的韩玉娘。另有改良青衣，形制与原青衣一致，只是胸口和侧缝开衩口将镶边改为如意头，使细节更加美化。

女白褶子，即孝服，白色绉缎所制。孝服本应为素衣，但从戏剧舞台美学的角度出发，对孝服也做了适当的美化，以莲花作为边饰以示对已故之人的尊重。穿白褶子时，梳大头且需包白绸条，穿彩鞋，如《杨门女将·灵堂》之刀马旦穆桂英。

女富贵衣，其形式类似男富贵衣，下穿百褶裙亦相应打补丁，为落魄贫穷至极的女子所穿，梳大头，穿彩鞋。

老旦褶子，形制同男褶子，但衣长仅过膝，为大襟斜领，用于贫苦落魄的老年妇女，穿着时腰间系丝绦或腰巾。《遇皇后》中的李后，在流亡民间时，即穿紫色老旦褶子，穿福字履，并手扶拐杖。

五、代表性衣类穿戴规制

除了蟒、帔、靠、褶以外，其余的剧装统纳为"衣"。衣可以根据衣箱的规制进行分类，又因为各个剧种的衣箱分类方式不尽相同，为避免引起异议，本书从剧装的具体形制的特征出发，将"衣"继续细分为四个大类——长衣、短衣、专用衣、配件。

衣类中的长衣共有近30个品种，男子所穿的有开氅、官衣、学士衣、蓝衫、箭衣、龙套衣、太监衣、大铠等，女子所穿的有宫装、云台衣、古装、女官衣、花箭衣等。短衣有近20个品种，男子所穿的有抱衣、侉衣、马褂、大袖儿、罪衣、刽子手衣、手衣、兵衣等，女子所穿的有袄裙裤、彩婆袄、女罪衣等。下面归纳几个主要品类的穿戴规制。

（一）长衣

1. 开氅

开氅也叫"氅"，形制类似褶子，衣长及足，为右衽大斜，左右开衩，腋下带硬立摆，袖口装水袖，袖口、下摆和开衩边镶波浪形阔边饰。用途可分为三种：一是作为礼服，档次低于蟒袍，为高级武将、大臣游赏、居家等闲居时所穿便礼服；二是用于绿林英雄及侠义之士，以及占山为王的山寨主、恶霸在文场时的礼服；三是军旅时中军的公服，穿时戴中军盔。氅以大缎和软缎为料，红、白、黄色多用本色缎起边，红色用藏青色起边，白色用宝蓝色起边，黑色用黄色或橘色起边，无定性规定，起边的纹样与大身纹样题材一致，按照纹样主体可分为团花开氅和兽开氅。

团花开氅为对称构图，相对于兽开氅更为严谨自持，多用于生角，对应人物角色为高级文官。常用团花有草龙、八宝、宝相花、如意、流云、回字、瓦当纹等,苏派以五彩绣绣制图案后勾金,北派用五彩绣勾金或全金秀(或全银绣)。如《将相和》中的丞相蔺相如,周身共十个团花,以团花的中规中矩衬托人物的沉稳得体,穿时搭配改良相巾与厚底靴。

兽开氅一般为适合纹样,均衡构图,比团花开氅更有张力和威严,多用于净角。常用的兽纹有狮、麒麟、虎、豹、象等。其中"双狮戏球"最为典型,多以绿色、古铜色大缎做五彩绣勾金,如《将相和》中的廉颇即穿狮开氅。兽开氅中也有团兽,例如将狮作为团花,整体的气势相应减弱,但多了几分严谨庄重的气质,多用于既勇猛又有谋略的高级武将,如《甘露寺》中的大将赵云,即穿白色团狮开氅,头扎镫盔,穿厚底靴。

2. 官衣

官衣多为老生所穿,是中下级文官的官服,新科状元和婚礼场合的新郎也可穿红缎官衣。官衣的原型为明代官服,形式与蟒袍相似,右衽大襟、盘领、直身阔袖,衣长及足,不装插摆的官衣为素缎,不绣制纹样,仅在前胸和后背加饰一块正方形的"补子"图案。补子的内容为江水、日、流云,以及不同的动物纹样,文官所用的补子绣飞禽,如鹤、锦鸡、孔雀等,武官所用的补子绣走兽,如狮子、麒麟、虎等。明清的冠服制度中,对官员的品级和补子上的飞禽和走兽类别有严格的对应制度,但在戏曲中,补子上所绣图案没有严苛的规制,只起到艺术符号的作用。戏曲仅以官衣的颜色大致区分品级,如紫红色、红大缎所制为高级官员,蓝色次之,黑色品级最低。穿着时头戴乌纱帽,穿朝方靴,腰间挂玉带。

另有丑生红官衣,衣长略短,适用于知县一类的喜剧官员或反面人物。青官衣虽是官衣的一种,但无补子,俗称"青素",一般用于没有品级的官员,如驿站的驿丞官,也用于降服的臣将。近代有官衣做出图案方面的改革,以五彩绣(苏派)勾金做图案取代补子(北派为全金绣),并在下身做修饰纹样,称为改良官衣,如《赤壁之战》中的鲁肃。学士官衣为老生所穿,是传统官衣和改良官衣的结合体,其保留补子形制,又在下摆绣制海水纹作为装饰,去掉了玉带,改为软带束腰,如《十道本》中的文臣褚遂良所穿。

女官衣为老旦所穿,多用于诰命夫人角色,长度仅过膝,后身不装摆。旧社会时,女官衣有一特殊用途,即每逢旧历春节演完"吉祥戏"和"堂会戏"之后,由一名老旦和一个不带髯口的老生穿上红色女官衣登台谢幕及谢赏。新中国成立后取消了这一惯例,女官衣的使用也日趋减少,近代演诰命夫人皆以女蟒代之。

3. 箭衣

箭衣,源于清代的蟒袍,最早在戏剧中使用该款式的是乾隆年间江南的昆曲戏班。由于清朝统治者满族是马背上的民族,蟒袍四开衩(左右开衩、前后开衩)可以满足其骑射需求,箭衣也延承了这一特点。其样式为圆领,右衽大襟,窄口马蹄袖,衣长至脚面。箭衣根据图案的不同可穿戴的角色非常广泛,使用团花时,比蟒衣少2个团(窄袖不做团花)。龙箭衣一般用团龙,下摆绣江崖海水纹,为位高权重的王侯、武将所穿,穿时腰间系鸾带。团花箭衣四开衩绣花卉卷草纹,为绿林英雄或少年英雄所穿。花箭衣全身布枝子花,以均衡布局构图,显潇洒活泼,适用于风流英俊的青年英雄和巾帼英雄。另有素箭衣为衙门领头所穿,使用与大身颜色相异的颜色做开衩的镶边,无纹样。

4. 宫装

宫装,也称为"宫衣""舞衣""大舞衣",绉缎所制,虽与女蟒同为礼服,又以华丽为特征,但服制低于女蟒,一般为嫔妃、公主、郡主等有身份的皇室女子闲居时所穿,庄重正式的场合仍需穿着女蟒。宫装以红色为主,丰富的杂色拼接为辅,结构繁复,整体为上衣下裙连身,衣长及足。七彩阔袖也称为"毫袖",体现了清代满族女子服饰的典型特征,即袖口为七种颜色绉缎拼接。圆领,直身,腰间装饰腰带下缀三层飘带,从上至下分别是秋叶、短飘带、长飘带(长短飘带缀排穗),内垂衬裙。宫装刺绣丰满,上身绣大如意与凤穿牡丹,以示身份高贵,袖口拼接缎面与飘带绣各式花卉和卷草纹样。如《贵妃醉酒》中的杨贵妃,穿时披立领云肩,头戴凤冠,穿彩鞋。

因宫装的结构复杂,苏州现在制作宫装时,改良了宫装的一些部件和图案,如将腰间垂挂的秋叶由原来的 20 片减少至 16 片,因为上身穿着时固定搭配云肩,遂将上身形似云肩轮廓的如意纹样省去,只留下了凤穿牡丹,在胸口稍低位置,在佩戴云肩时可以透过排穗显出纹样。

(二)短衣

1. 抱衣

抱衣又名"打衣""豹衣""英雄衣",缎面所制,一般与抱裤成套穿着,用于短打武生,对应角色为绿林好汉、侠义之士。抱衣的形制为右衽大领,束袖,下身有长短两层异色的绸缎裙边,裙边打折,也叫"走水"。抱衣裤一般绣有散点的寿字、如意团花,以示服装的轻便和江湖习气。例如《三岔口》中任堂惠在装扮为江湖义士时即穿小团花抱衣,头戴罗帽。另有素抱衣,用于老年的义侠。

2. 马褂

戏剧中的马褂形似清代马褂。清代马褂有对襟、大襟、琵琶襟三种制式,立领,衣长过腰,宽中袖(仅到手肘)。剧装将马褂用于戏剧表演时,将立领改为圆领,加长袖长及手腕,一般罩于箭衣外,并使用标志为武将的三尖领,为行军武将所穿。马褂绣花时一般采用黑色缎面,绣团龙称为龙马褂,用于行军时的王侯武将;绣团花时,一般以简略抽象的花卉纹样为主。另有黄马褂,黄马褂是清代皇帝亲赐予有功之臣的,是上等荣誉,但在剧装中黄马褂并无这层意义,只用于一般将领。

(三)主要服饰配件

1. 云肩

云肩,在我国古代服饰中是为女子所用的肩部女红装饰,"云肩,最早见于敦煌的隋代壁画"①。《清稗类钞》记载:"云肩,妇女蔽诸肩际以为饰者。……明(代)则以为妇人礼服之饰。"②明代对云肩的使用习惯也延续到戏剧服装中,剧装中的云肩一般为有较高身份的女子所用,在正式场合用来搭配蟒袍、宫装、女硬靠、仙女衣等,女褶子在人物需要时,也可搭配云肩。历史服饰中的云肩结构样式丰富,有一片式四合如意、一片式立领四合如意、多角一片式、多层连缀式等。剧装中的云肩多为一片式立领云肩,云肩边缘一般饰如意边,整体展开趋近方形,与领口的圆形形成"天圆地方"。云肩的用色往往与其搭配的服装颜色统一,所用图案与主题服装相互呼应。也有少数特殊的款式,如仙女衣搭配的云肩为多层宝剑状立领云肩,更有层次感,整体呈圆形。《八仙过海》的仙人何仙姑便穿戴这种双层宝剑状立领云肩,也有一些剧目中,将何仙姑所用的云肩以荷叶为原型做设计,平面展开呈圆形。旧时剧装所用一片式立领云肩多为齐肩式,即云肩可以完全摊平成一个平面。近代根据女靠肩线的改良,云肩也习惯收肩线,穿上后更加平整贴合。

2. 水袖

戏剧服装中,在蟒、官衣、帔、褶子、开氅、宫装等袖口上缝有一段矩形白绸子,称为水袖。水袖为矩形,底部开衩,中线与袖中线重合。水袖源自水衣,水衣原为衬于戏衣内用来保护戏衣的轻薄衣服,水衣袖子露出袖口,起到装饰和表演作用,此穿着方式也符合明朝袖子内长外短的穿衣习惯。后为了增加可舞性,水衣的袖子被加长至一尺二寸,并直接将露出的这段白绸接于袖口,称为水袖。苏州旧时所制的剧装水袖不开衩,后吸收了京剧水衣的形制,也做开衩工艺,且水衣在近代定制越来越多的情况下,长度也越来越长,以满足更多的舞台动作表演。水袖的常用动作包括甩、掸、拨、勾、挑、抖、打、扬、撑、冲等,水袖利用这些动作的相互串联组合以袖抒情,能够表现出丰富的情感及行云流水般优美的舞台效果,有利于塑造多样的人物形象。同时,水袖有一些常用的细节动作:在躬身行礼时,一手横着扯起另一只水袖,表示有礼并恭敬;一手扯起另一只水袖掩面,则表示哀痛或害羞;用水袖轻轻地虚拂面,表示擦泪;双方把水袖轻轻扬起互相搭在一起,表示握手相拥。

3. 玉腰带

在历史服饰中,玉腰带的原型是玉带,是一种蹀躞带,即革带上面缀玉器的同时装有钩环,用来垂挂小型器具或配饰。蹀躞在战国时期已出现,由北方游牧民族传入中原,皇室和权贵们用玉佩表示身份等级。玉腰带发展至北朝,逐渐形成了以玉带材质和玉板数量与官员等级相对应的"玉带制度",这种制度一直沿用至明朝。剧装中的玉腰带配件原型也源于此,不同的是,为了戏剧表演的夸张审美,剧装中所佩戴的玉腰带往往不束腰,而是宽大的环形,一般用于搭配正式场合的蟒袍与官衣。玉腰带在剧装中有两种形式,一种

---

① 苗延英. 中国民族艺术设计概论[M]. 北京:人民美术出版社,2014:186.
② 高春明. 中国服饰名物考[M]. 上海:上海文化出版社,2001:586.

是沿用玉板装饰(北派剧装中使用较多),但在玉板数量上相对减少,玉板装饰的玉腰带多数为黑色,可以与各色的蟒袍、官衣搭配;也有红色,一般配红色的蟒袍,女子使用较多。另一种则是以刺绣代替玉板的装饰(苏派剧装中使用较多),一般蟒袍以双龙戏珠为对称纹样装饰玉带,刺绣玉带的颜色较为丰富,穿搭时一般使用与蟒袍、官衣颜色相同的刺绣玉带。

4. 百褶裙与大褶裙

百褶裙与大褶裙又称"马面裙"或"马面褶裙"。大褶裙,苏州话又称"大裥裙"。马面裙这一词汇出现时间偏晚,但其所指的裙装在宋末和元代便已经演化出来。明代的世俗小说(如《金瓶梅》等)中将同类型的裙子仅以"裙"称呼,有襕纹的称呼"襕裙",有竖襕的称呼"缘襈裙"。没有额外的词汇专门定义这种裙子种类。正式采用马面裙作为服饰学定义的,是在近代。《中国豫剧大词典》中将马面裙定义为:百折裙前后正中间,留有两块长条不打折,上面绣花饰纹样。此后沿用成俗。马面裙因其穿着的方法为缠绕于腰间,所以俗称"腰包",由于百褶裙通常为白色,所以也被叫作"白腰包"。在清末,习惯用丝线将褶裥串联交叉成网,展开后形似鱼鳞状,故又被称为鱼鳞百褶。《增补都门杂咏》所咏:"凤尾如何久不闻,皮绵单袷费纷纭。而今无论何时节,都着鱼鳞百褶裙。"由此可见鱼鳞百褶裙在晚清时期曾一度流行。在苏州地区,百褶裙仍使用这种固定褶裥的工艺。在剧装中,一般搭配于女帔或者女褶子穿着。百褶裙有长短两种款式,短款为下裙,扎于腰间,在剧装中被广泛运用为女子的衬裙;长款为抹胸款式,扎于腋下,一般用于孕妇或者是生病的女性角色。

大褶裙的形制与百褶裙类似,有前后马面,侧面以三层大工字褶代替百褶,用深色缎面(如墨绿色)时,马面不绣花,仅在下边缘绣连续纹样,为老旦所穿衬裙;花旦所用时,一般与女袄配套使用,上下身颜色一致。

随着戏剧历史的发展,剧装的款式、类别已越来越系统化,除了上述常见的类别以外,还有更多的专用服装和配件,未能一一解析,如诸葛亮专用的八卦衣、虞姬专用的鱼鳞甲、唐僧的袈裟、孙悟空的制度衣和猴衣、哪吒衣、钟馗衣等,都是剧装传统文化一脉传承而留下的宝贵财富。

第二节　盔帽的种类与穿戴规制

戏剧中的头帽艺术,是剧装艺术中的重要组成部分。头帽的演变与发展经历了多个阶段。宋代戏剧服饰贴近当时生活装饰,演员演出时头上多佩戴"巾帻",至明代,头帽款式逐渐丰富。原本都为头饰,但由于制作材料和佩戴角色的行当、地位不同,帽子的款式和名称也就不一样。按照制作工艺与使用材料来分,可以分为硬胎和软胎两类。硬胎盔帽又可以分为定套和活套,定套为一个整体,无法拆分,如风管、罗帽等,活套一般盔帽前后两部分可拆分搭配及调节帽圈大小,如大额子加扎巾可称为"扎巾额子"。软胎多以丝绸、大缎、毛毡等为原料,其特点是质地柔软,可折叠。可根据其品类分为四类:冠、盔、巾、帽。而其中的具体品种,据20世纪90年代不完全统计有300余种①。

戏帽自产生至今,一直采用手工技艺制作,其款式、纹样、色彩皆以历史生活中的穿戴习惯为蓝本,以阶级等级为准则,加以美化和夸张,历经数百年戏帽手艺人的提炼、修正、革新与传承,已形成一套系统化的制作工艺流程。

戏帽与戏衣相似,是融合各个朝代中的款式慢慢演变而成的完整的戏帽体系,其中多数款式无法遵循人物对应朝代的穿戴规制。究其缘由,在经济条件的限制下,旧社会时的戏班没有能力为不同朝代的戏目配置相应朝代的剧装戏帽,经过数百年的完善,形成以行当而非朝代来决定穿戴的规制。

山西广胜寺水神庙明应王殿,至今留存一幅完整的元代戏曲彩色壁画(1324年),画中文字叙述"大行散乐忠都秀在此作场",画中描绘了14世纪20年代北杂居的戏曲舞台表演场景,画面体现了多个朝代的服制特点,有唐宋风格服饰,也有金辽的服制,但佩戴的都是宋代官帽②。(图2-15)

图2-15　国家图书馆展出的"大行散乐忠都秀在此作场"高清复制品(局部)

如今的传统戏中常用的相巾、学生巾为唐代仕人日常穿搭所用帽子,相貌是宋代官帽,乌纱帽则是明代官员所佩戴的礼帽。戏曲文化发展至清代,从皇室至百姓,一年四季皆有戴帽习惯,在清代,很多满族的戴翎官帽、凉帽、便帽、解差缨帽及女士旗头直接为戏

①　徐杨.中国戏曲中的盔头[J].南国红豆,1994(5):54.
②　潘福麟.粤剧的冠盔巾帽[J].南国红豆,2001(3):42-44.

曲表演所用,例如《光绪皇祭珍妃》《顺治与董鄂妃》《衮王与庄妃》等清装戏,均采用了多种样式的清代帽饰。

一、冠盔

(一)冠类

冠,是比较官方的正式礼帽,一般由帝王、后妃、皇孙公子和官宦等贵重身份的角色佩戴。冠为硬胎,共有 7～8 个品种,常见的冠有平天冠、凤冠、九龙冠、束发冠、虞姬冠和道冠、佛冠等。

平天冠,又名"平顶冠"或"玉皇冠",是帝王在正式场合戴的头饰。平天冠由帽胎和冕板两部分组成,帽胎为圆柱形,冕板盖于圆柱形上部,称"日月七星板",前后垂旒,绣有凤纹的飘带装饰于两侧,后有绣着龙纹的披风。

凤冠,亦称"翠凤冠",因冠上装饰翠色凤凰而得名,是后妃、郡主及诰命夫人等身份显赫的女子所佩戴之冠。银色冠托之上布点翠凤凰和抖珠,凤凰从 3 只到 9 只不等。护耳下饰穗排,穗排上端饰有多种纹样,葫芦形和花篮形较为常见。盔后加饰尾扇,缀排穗,盔头行话称为"后折根",用隆重的造型体现身份的高贵。凤冠分为大凤冠和小凤冠,小凤冠又名半凤冠,部件较简洁;另有老旦凤冠,其形比小凤冠更小,耳侧无缀穗,为年迈的太后、太君等有身份的老妇人所戴。传统凤冠的佩戴习惯来自明朝官帽制度,在明代以前,未有凤冠。如今除传统戏中保留着凤冠的使用外,新编历史剧已逐渐脱离凤冠,如越剧《打金枝》中的公主与皇后,《长乐宫》中的皇后,皆用正凤、边凤、对凤以及牡丹等代替凤冠来妆戴,以示其尊贵地位(图 2-16)。

图 2-16　大凤冠

图 2-17　虞姬冠(如意冠)

九龙冠,是皇帝的日常冠饰,同样也可作为地位较高的皇兄弟的冠饰。冠胎一周装配有 9 条点翠金龙,前中为寿字面牌,上部饰杏黄色大绒球,两侧抖珠分布,后插朝天金翅一对。

束发冠，亦称"多子头"或"太子冠"，是古代身份王孙公子少年时期所佩戴的礼冠。有金胎和银胎两种，一般配红色绒球与抖珠，也有粉色绒球，下垂孩儿发。贾宝玉一角是佩戴太子冠的经典形象。

虞姬冠，又名"如意冠"，样式与太子冠顶部结构相仿，顶部配如意板，板的一圈排列小珠帘。如意冠是梅兰芳创作演出的《霸王别姬》中专门为虞姬所设计的冠饰（图2-17）。

道冠，又称"莲花冠""佛手冠"，金色冠胎，形似一朵盛开的莲花，顶上装饰小如意，或有六棱柱或圆柱形底座，在戏曲表演中专为神仙道人所佩戴。唐代已流行于世间，其与鱼尾冠、芙蓉冠称为"道门三冠"，宋代沿用此制，是道教官帽中的最高等级。

佛冠，为高僧登坛做法时所佩戴的礼冠，通体赤色，镶黄边，帽形前高后低，一般用盘金绣有佛字、莲花和云龙纹样，冠顶竖有形似莲花的金刚塔，且饰有璎珞和珠翠等装饰。另有五佛帽，又名"皮罗帽"，红缎制作，前额有连续五片莲花瓣形，中部最高依次对称递减高度，每片均绣有佛像，耳侧缀白色或杏黄色飘带。《西游记》里的唐三藏、《翠屏山》里的海和尚都戴此冠。

（二）盔类

盔在戏曲表演中为武将专用，是在打斗时用来保护头部的帽子，为硬胎，有20多个品种，盔上一般缀有绒球、抖珠，常见的盔头有帅盔、太子盔、草王盔、倒缨盔、额子盔、荷叶盔、中军盔、太监盔等。

太子盔，为年轻的王孙公子及青年将帅所戴，又名紫金冠、太子冠。太子盔是在束发冠的结构基础上加以美化的，配有金色或者银色的大额子，与帅盔类似。额子和冠顶部皆有龙云吞口图案，配有大红或粉色绒球。在此基础上加配翎子，则象征军中主将。佩戴的角色如《群英会》中的周瑜。

帅盔，为将领统帅的专用盔头。多为银胎，形如覆钟，盔胎上分饰绒球和抖珠，缀有火焰，顶端有三叉戟头和红缨，象征统帅三军，背后带小披风（后兜）。京剧《满江红》中的岳飞、《穆桂英挂帅》中的穆桂英等所戴的便是帅盔（图2-18）。

夫子盔，为名将专用盔帽，因其盔胎与武生巾相似，帽胎为大缎所制，又名"夫子巾"。帽体装饰大小绒球共29颗，大小龙纹10只，前中部位插火焰团寿牌，盔顶两侧有珍珠环装饰，护耳两侧缀白色飘带和丝穗，后背装饰小披风。夫子盔的特定颜色有特定使用角色，如绿色帽胎为关羽专用，黑色帽胎为项羽专用，白色帽胎为岳飞专用。

草王盔，为用于霸主以及非朝廷的称王者，如孙权、刘璋等角色。草王盔通常为金色盔胎，呈圆形，顶端微尖，饰黄色绒球，耳侧无穗；若盔顶两侧加插翎子，则表示叛逆角色，如京剧《闹天宫》的齐天大圣一角、《黑旋风》中的宋江一角。有时也在后身加饰狐狸毛表示藩王。

倒缨盔，为武将所戴。盔胎与帅盔相仿，顶部的红缨向后倒垂，宽檐装饰，后有小披风（后兜）。其又细分为马超盔、八面威（图2-19）等，八面威是在倒缨盔上增加八角宽檐，是

图 2-18　帅盔　　　　　　　　　　　　图 2-19　倒缨盔之八面威

大将所戴,比一般倒缨盔代表的身份要高,《将相和》中的廉颇一角即戴八面威。

　　额子盔,亦为大将所佩戴的盔头。两边密集排布绒球与绒花,顶部有一个大绒球,绒球左右部件为双龙戏珠或如意,正中饰团寿字面牌,常与扎巾搭配使用,表现英勇威武的气场。其女将所戴的额子盔称为七星额子盔,名字源于其额子有两排绒球装饰,每排绒球个数为 7 个,也称为七星女额子。通常搭配女大靠穿戴,穆桂英是穿女大靠带七星额子盔的经典形象。

　　荷叶盔,为武将所戴。常与软靠和箭衣搭配,盔胎分为前后两扇,活口连接,由盔的后胎向内翻包形如荷叶而得名,通常为公侯将相和有权势的太监初入宫门时的着装。其分为金胎和银胎,金胎荷叶盔在传统戏曲中为深得皇帝喜爱的总管太监所戴,银胎则用于有武艺的大将。文职角色戴时两耳侧挂穗子,武职角色则不挂穗子。

　　蝴蝶盔,为传统女将所戴,因后上方有一只大蝴蝶而得名。有金胎和银胎两种,通常金胎配红色绒球,银胎配粉色绒球。护耳下方缀排穗,盔后缀后折根,表演时多加插翎子,以彰显女将的卓越英姿。(图 2-20)

图 2-20　蝴蝶盔　　　　　　　　　　　图 2-21　中军盔

中军盔，是中军人物的专用盔头。盔胎为如钟形的圆台体，配圆形帽檐，通体黄色，一般纹样为双龙戏珠，海水纹相称，缀珠翠，平面的盔顶加饰立体小枪头。（图2-21）

太监盔，分为大太监盔和小太监盔。大太监盔专为有权势的总管太监所用。盔胎分为前后两扇，活口连接，前矮后高，有金银两种胎，前胎左右各饰有4颗绒球和若干抖珠，前后胎的正中各有一颗大号绒球，并饰有龙纹，左右耳侧挂耳穗。小太监盔为一般太监角色所用，其盔胎基本与大太监盔胎相同，后扇顶部较简洁，整体装配较简单，无耳穗。

学士盔，是官场中级别较高的文官所戴。形同纱帽，后插帽翅（也叫"展"），形如桃子，也叫"桃翅"。学士盔在川剧中是小生经常戴的盔帽，而在昆曲中，仅李白一人可戴。

大过梁盔，为有地位的宫娥所戴。在半月形过桥上，两凤相对，过桥（过梁）两端另有两凤向背，对称分布抖珠与绒球，前额有珠穗，耳侧挂排穗。

二、巾帽

1.帽类

帽的样式更为丰富，软胎和硬胎皆有，上至帝王下至平民，都有与其角色对应的帽饰。常见的帽有王帽、罗帽、纱帽、侯帽、相纱、鬃帽等20多种。

纱帽，是使用频率最高的款式。纱帽在戏曲中是文职官员所戴的礼帽，其款式源于明代官服制度中的"乌纱帽"。帽体分为前、后胎，前短后高，表面为黑色丝绒或纱。纱帽口的后中横向插帽翅，帽翅常用的形状有方翅（圆角长方形）、尖翅（菱形）、圆翅（圆形）和桃翅（桃形）四种（图2-22）。帽翅的不同款型除了起到装饰作用以外，也体现了纱帽的穿戴规制。

帽翅代表着人物的身份地位和性格属性，不同款型的帽翅代表不同的官员品级，通常六品以上官员、巡抚、知府以及状元多戴方翅，七品县令及小花脸则戴圆翅，城官、门官和狱卒官等无品级的小官吏则戴桃翅。

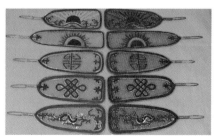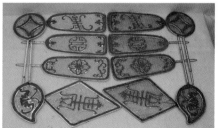

图2-22　不同造型的帽翅

帽翅亦能够分辨戴帽者的忠奸，为官清廉正直、洁身自好的忠臣插方翅，圆角方翅上饰有红日和海水纹，寓意正大光明，体恤为民。如《十五贯》中的况钟、《二堂放子》中的刘彦昌，又如《海瑞罢官》中的海瑞，等等。而奸佞之臣一般用尖翅，形状为尖角菱形，取其

"尖"的同音"奸"字,菱形上装饰铜钱图案,表示贪赃枉法、趋炎附势,如《盘夫索夫》里的严世藩与《谢瑶环》里的武三思皆戴尖翅纱帽。传统戏中也有一些例外,如判官一类的角色亦戴尖翅,但帽体一般为金胎,通常为红色,帽上缀有金色彩花,后胎前缀一个红色或橘色大绒球,这种帽子也被专称为"判官纱帽"。草菅人命的低级别官吏一般佩戴圆翅,是戏曲中奸臣的一类,圆翅上的团多用团寿、铜钱和万字纹样图案,《胭脂》中的张宏便是这类角色。

根据行当分类,一般生行(小生、老生和正生)为方翅,净行类(大花脸)为尖翅,丑行类(小花脸)为圆翅或桃翅。

帽翅在体现人物特征的同时,还带有可舞性,行话称为"翅子功"。帽翅根部有约6厘米的弹簧,演员可以通过头颈的控制,将帽翅上下、前后摆动,甚至可以停左翅摆右翅或停右翅摆左翅,配合人物的肢体表演和表情可以展现出人物欣喜欢乐或忐忑不安的心理活动,提升舞台表演力。

驸马帽,其帽胎与方翅纱帽完全相同,只是装配上多了一组配件,称为"驸马套"。驸马套为银胎,有过桥,后口有一对朝天小翅,正中有一颗红色大绒球,两边对称分布红色小绒球和抖珠,两侧挂红色或杏黄色真丝穗子,显雍容富贵之感,经典形象有《铡美案》中的陈世美、《打金枝》中的郭暖等角色。

相纱,为宰相等位高权重的官员所戴,又名"相貌"或"素相貌"。黑色绒面,帽胎结构类似于纱帽,但相较于纱帽呈方形,有角,左右插长而平直的翅。《铡美案》中的包拯、《杨家将》中的寇准等皆戴相纱。后有改良相纱,也叫"花相貌"或"龙相貌",帽形不变,在原相纱的基础上,颜色拓展为紫、黑、青莲、香色等,并加饰龙纹抖珠等,翅上也有龙纹部件装饰。如《孟丽君》里的孟丽君、《秦香莲》中的王延龄均戴改良相纱。

金貂,为王公宰相中,功勋显赫的人物在正式场合佩戴,也叫"汾阳帽"。金胎,形如相纱,胎体上有镂空龙纹,前胎饰双龙戏珠,正中插寿字面牌,后口插朝天翅,左右插金龙如意翅。(图2-23)

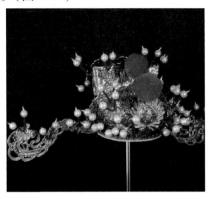

图 2-23　金貂

图 2-24　王帽

金大镫，与金貂款式相近，只是金大镫没有如意翅，其他绒球和抖珠装饰基本相同，在戏曲中，专与黄靠做搭配，为主将所穿。另有黑色帽胎，称为黑大镫。

王帽，为帝后以及文物官员燕居出行所戴。有杏黄、红两种帽胎，前有过桥，后有朝天翅，分布抖珠装饰，两侧护耳缀有真丝穗子。黄色为帝后专用，也叫"皇帽"，帽体镂有龙纹；红色为大臣所戴。（图2-24）

侯帽，为公侯级别的文职官员所佩戴，一般为忠直贤臣所用。帽胎形如倒挂的金钟，两侧有耳扇，边缘加饰一圈杏黄色排须，遮住耳朵，寓意"不听奸言"，所以侯帽又名"耳不闻"。为武职角色所戴时，在侯帽的基础上顶部加饰三叉戟红缨，合为台顶。

罗帽，使用较为广泛，分为硬胎和软胎两种。硬胎主要是武生所戴，多为银胎，俯视帽形为正六边形，帽顶正中有大绒球，顶面和帽侧面均匀分布小绒球，以及箭头状慈姑叶，帽口为圆形。软胎的罗帽可折叠成单位形，颜色有黑、白、水蓝、青莲、绿、香色等多种色彩，帽身一般用盘金绣绣有简单的卍字纹、回字纹、花草纹样。一般家丁戴黑色软胎，帽上无装饰。

鬃帽，亦是武生所戴款式。为尖顶圆口的半球形金胎，帽顶为莲花装饰，另有一圈龙纹帽檐，无护耳，正中装饰有寿字面牌与绒球，对称分布抖珠，京剧《红鬃烈马》中的薛平贵就戴鬃帽。

员外帽，为富绅与退职的官僚员外一类角色在正式场合所戴。四方帽形，前高后低，黑色帽胎，有一圈帽檐，帽檐中装饰抖珠，帽檐前中开口，开口处装饰寿字面牌。（图2-25）

小生帽，又称"解元帽"，最广泛用于小生行当，多用于书生、才子、相公等角色。小生帽多用黑、湖蓝、水蓝、粉、黄色，镶银色过桥及帽口边饰，多用卷草纹与花卉纹样，后中缀一对飘带，插一对长长柳叶形帽翅，显文雅气质。（图2-26）

图2-25　员外帽　　　　　　图2-26　小生帽

毡帽，为平民百姓所戴，也用于轿夫、衙役等角色。由毡制作而成，帽顶高而尖，有小穗子，有黑、红、蓝等颜色。佩戴时，帽口卷起宽宽的帽檐，有时将帽体折叠后，将顶塞入帽檐。

皂隶帽，是旧时衙门里的差役所戴之帽，"皂"为玄色、黑色，因衙差穿黑色衣服而依此命名其帽子。帽体为长方形,青缎制成,正面有寿字面牌,帽子左侧插戴一根孔雀翎羽或白鹅翎。《失印救火》里的白槐、《洛阳桥》里的夏德海均戴皂隶帽,穿皂隶衣。

　　草帽圈,是为渔夫、樵夫和其他劳作角色所戴。形似草帽的帽檐,中部空心,有普蓝色、湖蓝色、古铜色等,帽圈朝下一面的前中和后中各有团寿纹样,前团寿两边一般各绣一只蝙蝠。佩戴时前帽檐上翻露出团寿和蝙蝠纹样。

　　御姬罩,又称"鱼婆罩",是一般劳作妇女的凉帽,江湖侠女也戴之。形如草帽圈,前帽檐外缘起花边,帽圈约后四分之三圈装饰排穗,正中有珠绣或缀一颗绒球。

　　和尚帽,又称"僧帽",为一般和尚角色所戴,形如元宝,前高后低,一般为黑色。

　　飞龙帽,为外邦的藩王或主要将领所戴,故又名"番王帽""鞑帽"。为毡制翻边圆帽,帽檐上翻寓意"番邦",左右有龙纹一对,并饰有珠翠,后中缀飘带,有时两耳侧垂白色条状裘毛。

　　纬帽和红缨帽,皆为清代戏中的官帽,有时番邦官员也戴之。纬帽形如斗笠,喇叭状,为夏天所用,也叫凉帽(图2-27),一般由藤、篾编成,外裹绫罗,多数为白色,也有湖色、黄色;上缀红缨、顶珠和花翎。红缨帽又称"貂裘帽",形似圆盆,帽檐边为黑色,是冬天所用的暖帽(图2-28),一般以皮、毛呢、缎、棉布所制,帽顶盖有红色帽纬,头顶同样饰以顶珠,并挂花翎。

图2-27　清代官帽——凉帽

图2-28　清代官帽——暖帽

　　清代官帽根据"顶戴"来体现官员的等级、地位,相当于当今的肩章或领章。"顶戴"顾名思义,即头顶所戴,如一品官员的帽顶为红宝石,深红色,象征权利和威望。天然红宝石大多来自亚洲(缅甸、泰国和斯里兰卡)以及非洲和澳洲,美国蒙大拿州和南卡罗兰纳州也有部分生产,在清代,可以说是弥足珍贵的宝石,足以彰显身份和地位。二品官员为红珊瑚,浅红色。红珊瑚属于有机宝石,天然红珊瑚由珊瑚虫堆积而成,生长速度极其缓慢,且不可再生,我国人民历来视红珊瑚为祥瑞之物,象征高贵权势。三品官员为蓝宝石,深蓝且透明,是刚玉宝石中除红宝石以外其他颜色宝石的统称,相较于红宝石较为普遍。四品官员为青金石,哑光蓝。根据晶体结构判断,青金是硫化物的蓝方石,主要产于俄罗斯、阿富汗,以及中国西南山区。五品官员为水晶,透明白色。白色水晶即为石英,是陆地上产量第二大的矿石,仅次于长石。六品官员为砗磲,乳白色,是一种乳白色海洋贝类。

七至九品属于低级官员,七品顶戴为素金,色泽闪亮,八品顶戴用阴纹镂花金,看上去较暗淡,九品则用阳纹镂花金。(图2-29)

"花翎"代表荣誉,在顶戴底座位置,用细绳拴着,或用金质的托架托着一个细小的管状插口,一般由白玉或翡翠制成,叫作翎管,翎枝插在翎管中,和顶带底座相连,组成"顶戴花翎"完整的帽饰(图2-30)。翎枝分为蓝翎和花翎两种。蓝翎亦称"染蓝领",是由鹖羽染成蓝色,鹖鸟生

图 2-29　不同级别的顶戴

性好斗,宁死不屈,武士帽顶佩戴鹖羽象征英勇顽强、斗志昂扬。蓝翎地位较低,一般赏赐于侍卫和六品以下官员。花翎是孔雀羽,长约36厘米,等级较高,且分为一眼、两眼、三眼(图2-31)。所谓"眼",即孔雀羽毛尾部圆形眼状花纹,一圈为一眼,三眼花翎等级最高贵,象征最荣誉。乾隆至清末,被赐予三眼花翎的功臣只有傅恒、福康安、和琳、长龄、禧恩、李鸿章、徐桐七人。

图 2-30　花翎的装配结构

图 2-31　一眼、两眼、三眼花翎

清代官帽款式用于戏曲表演时,往往以外观相似品替代真实珠宝,花翎仍以实物为装饰。旗头也是以清代女子头饰"两把头"为原型的戏曲帽饰,源自满族妇女发饰,用青缎所包裹,装饰绢花、绒花以及珠翠,两端缀有丝穗。

(二) 巾类

巾多为软巾,一般用缎面、棉布加粘合衬所缝制,佩戴轻便,使用范围较广,品类约有30种,多为书生、文官或为有身份地位人穿便服时所戴,常见的有小生巾、武生巾、帝王巾、相巾、员外巾、夫子巾等。

小生巾,又叫"福如巾""文生巾",大缎所缝制,巾顶部有一对如意头向下弯于耳侧,如意头下有耳钩,可挂小丝穗。后口可插软质下翅,显雅致风韵。《牡丹亭》中的柳梦梅以及《梁山伯与祝英台》中的梁山伯、祝英台皆是戴小生巾的经典形象。另有改良小生

巾,在顶部加插孔雀翎羽,帽口加饰花草纹样硬胎边饰,不可折叠。

武生巾,为小生行当中的武生所用。款式与小生巾基本相同,但后口不缀飘带,且无翅。巾帽上端正中有高而尖的火焰,或装饰红绸结。武生、老生则在两侧如意头下挂流苏,净角不挂流苏。

员外巾,为富绅与退职的官僚员外一类角色所戴,缎面长方体帽胎,顶部有盘金团寿纹样,长方体棱角居前中,正面有团寿或卍字纹样,一周绣有盘金回纹。帽顶后沿边对称装饰如意耳掀,耳掀对应下口缀飘带。常见的员外巾颜色有黑、紫、宝蓝、香色等。(图2-32)

图 2-32　员外巾

鸭尾巾,为商人、店主等从商角色所戴。顶部扁平饰有一圈与帽体相同或相近颜色的丝绒穗,形如鸭尾。鸭尾巾颜色多样,有水蓝、湖蓝、宝蓝、雪青、古铜色等,浅色系的为年轻角色所戴,深色系的为年长者所戴。

八卦巾,又名"军师巾""方巾",顶扁如屋脊,巾帽上绣有八卦和太极团,口中缀两根飘带。最早为八仙中的吕纯阳所戴,故又名"纯阳巾",一般饰演帝王的军师、谋臣以及一般道家、仙人均戴此巾。

高方巾,与八卦巾相似,形为长方形,巾体较八卦巾高约二分之一,因此而得名。高方巾为素色,一般有黑色、宝蓝色、秋香色,前额装饰白色小方玉,一般不缀飘带,为百姓或绅士所戴。

道姑巾,是道姑专用的巾帽,软缎制作,通体黄色,平顶,巾上绣有莲花或云纹,前后四角悬垂细长飘带,后中垂有五块莲花云状部件所组成的条披,象征"五行",条帔下缀两条白色端飘带。

三、翎子

(一) 戏剧中的翎子

戏曲行业中,翎子也称"雉翎",是戏曲舞台常用的冠戴饰物之一,柔美飘逸,俊秀绚丽,动静均给人美的享受,是经历长年实践和智慧创作的艺术品与艺术表演手段。

翎子的佩戴源于战国中后期,有一种禽,古人称其"鹖",现在叫作"褐马鸡",生性勇猛好斗且不畏死,赵武灵王取此特点,让将士们在冠盔上插戴鹖羽,以鼓舞士气。

戏曲中,京剧首先沿承了这一方式,但由于鹖羽的长度不够,在舞台上表现力有限,遂改用雉(野鸡)的尾羽来替代,可以加强舞台的表演性,更加生动地传达人物情感与表现"耍翎"技法。翎子有软翎子和硬翎子两种。软翎子韧性足,成自然弧状,演艺性强

（图 2-33）；硬翎子也叫"搬翎"或"掏领"，质地硬挺，高高竖起，手不可及，如《破洪州》中的杨宗保一角。盔头上的"翎子功"皆指软翎子，也叫"耍翎"，有多种花样，如搬翎、弹翎等，名目有燕子蹁跹、蝴蝶穿花、二龙戏珠等。盔头插翎子的代表性女性角色很多，如穆桂英、樊梨花、刘定宝，以及《孙悟空三打白骨精》中的刀马旦白骨精。沈蓉圃的戏曲画《清代十三绝》中的周瑜、杨延辉所戴的盔头上亦插有软翎（图 2-34）。翎子一般扮相骁勇、俊美的青年武将佩戴，而庄重年长的将帅、文职

图 2-33　京剧《闹天宫》之
齐天大圣所戴软翎子

官员，以及属于皇家正统的角色，基本不插翎子。同时，戏剧中兄弟民族服装及缠头巾上皆用翎子，表示异族身份。另有一些特殊角色，如《铡美案》中的刽子手，头戴红色大板巾，加戴了额子以及插单只翎子。

图 2-34　《清代十三绝》（清 沈蓉圃）中的周瑜（左七）、杨延辉（右一）

（二）软翎的表演艺术性

翎子的佩戴与表演既是角色的体现，也是戏曲艺术夸张与美化的体现，可用来表达剧中角色的心理情感，或气急惊恐，或沉思忧虑。如蒲州梆子《小宴》是耍翎子技法较为集中的戏目。《凤仪亭》中有戏目为吕布与貂蝉在凤仪亭饮酒，吕布在微醺时耍动盔头上的翎子，以表喜悦得意。扭头时，翎子随盔头甩去，末梢轻盈地在貂蝉眼前流动，两人会心相对，反映出吕布挑逗的心态。

在《八大锤》剧目中，陆文龙虽然艺冠群雄、英勇卓越，却是首试兵戈、初出茅庐的小将。他智慧、骁勇、自负、激越，在凛凛军威中充满童趣与稚气，充满了难以掩饰的藐视宋军的傲气。陆文龙战胜宋将严正芳后，背对观众，在打击乐"马腿儿"节奏中，额首低头，将双翎向前平展，随后挺后颈，偏头，以后颅顶为轴心向左侧做大幅度圆周转动，几乎并立的双翎成大"涮"动作，归于前身原位后，停颈扬头并向后抖动，将双翎瞬疾弹向身后，此为"左涮翎"接"挑翎"，之后顺势换"右涮翎""挑翎"，左右反复交替。"涮""挑""滚"翎

着重反映了陆文龙在取胜后的洋洋自得、年少轻狂。而翎技在《急子回国》戏目中反映了子涛悲愤欲绝的心声。正义善良的子涛得知兄长遭遇不测的消息，深感震惊与不平，他恼怒斧王的冷血残暴，愤恨三弟杀兄篡位，轸恤兄长屡遭不测，在力谏被驳后，即刻飞舟追赶濒临险境的急子。淇水迢迢，黑云压城，"左望门"眺望前路，只见一片空茫，他心急如焚，"左涮翎""挑翎"，"右涮翎""挑翎"，动作反复三次，并逐次加快节奏，随即"抖翎"，即向前平展双翎，频点额头，使翎子抖动成波浪涌动般。子涛唱"船行水上如飞燕，为何不见兄长的船"后，再次右"望门"，人烟渺渺，再度的失望增加了急子之险和子涛之焦虑。他的第二番"涮""挑""抖"翎，将内心的怨怒、悲怆、焦灼、怒斥苍天不公并誓死救兄的复杂情绪表现得淋漓尽致。"涮""挑"在《八大锤》中表现角色的欢喜与雀跃，在《急子回国》中表现人物的愤懑与焦急，从技法层面讲，两者并无差异，但在技法的表现上却截然不同。前者着重翎子的弹动、跳跃，显活泼俏丽；后者侧重于深沉、粗狂，诠释苍劲与激怒。因而在不同情节、人设、氛围和节奏中，翎技的不同表现形式可产生不同的艺术效果。

（三）软翎的选择规矩

为了使"耍翎"在表演高难度技巧和功法时达到最完美的状态，翎子的外观、长度、韧性、廓形都要经过严苛的层层筛选。清晰、毛色鲜明的翎子为优选，且需要宽窄适宜。翎子的长度不可短于150厘米，最适中的长度为165—200厘米；一对翎子的长度须完全相同。翎骨须平直，水平放置时，下垂的弯曲幅度应保持一致；柔韧性好，反弹灵敏且弹力足的翎子更能配合翎技，使表演达到最佳效果。翎尖也是不可或缺的筛选环节，两翎的翎尖须均匀地对称向内，呈弯钩状，方能达到细节的完美。

筛选翎子时，可以通过观察、丈量、触摸、弹动、旋扭等方法挑选出优质的翎子。首先可以通过观察判断翎羽的色泽、肌理和廓形（宽窄），以及翎尖的钩状一致程度；同时可以借助丈量工具确定翎子的长度。在质地删选环节，可以用指腹从根部向翎尖方向轻抚，感受是否平直，是否有折损或嫁接。可以通过弹动翎子判断其回弹性，随后将翎梢慢慢拉近至翎根，使翎子成弧形，通过弯曲的程度感受翎子的韧性和表演时的最佳弯曲度与弯曲极限。弯曲的幅度越大表示柔韧性越强。通过旋扭翎子，可以观察翎子的行走轨迹是否流畅，羽毛长势的不均匀可能导致翎子在旋扭的过程中出现忽闪忽跳的现象，旋扭可以巧妙地将其排除。之后双手并握双翎，使其内侧相对，尝试"涮""抖""晃""滚"等动作，尤其留意在"点"动作时，翎尖的勾状无外张、飞迸现象，"挑"翎时翎尖微微向内形成"抓"起状。唯有达到这些要求的翎才宜用于舞台演绎。最终，仍要将翎子插到冠上，通过实际比画和试练翎技做进一步检验。

满足上述条件的翎子十分难觅，瑕疵往往出现在拼接问题上。拼接的翎子一般在比对翎羽的形态、斑纹、色泽后，将对应部位的翎骨斜削做拼接，为了使拼接处不易折损，往往会在翎骨的空心处嵌入细针做加固，再用黏合剂黏合。有些巧妙的拼接，可以做到色泽、斑纹几乎全部吻合,甚至以假乱真。这种拼接的翎子在耍翎激烈的环节往往面临着折断的风险,这对舞台表演来说是不可逆转的状况。为了避免这种情况的发生,在挑选市场上的翎子时,用食指与拇指的指腹捏住翎骨的内外侧,由根部向翎尖方向慢慢捋过,摸到疙瘩或僵硬处着重检验,观察斑纹的流畅性,还可将这些部位略做弯折,若弯折僵硬或角度不自然,则可能是人工拼接的。

行业中亦有说法,翎技配合"活翎"表现更佳,其实不尽然,"活翎"有柔韧性层面的优势,在翎子中属上等品,但还需要综合考虑耍翎的需要,尤其是翎尖的勾形与翎子运行的流畅度,不可因活翎而忽略这些关键条件。若缺乏这些条件,活翎亦不能完全展现翎技的精彩;相反,各方面条件皆达到的普通翎子,更可与翎技相得益彰。"活"且能"耍"的翎少之又少,可遇不可求。

(四)软翎的装置方法

软翎有区别于硬翎的传统装置方法与位置。硬翎的翎管位于盔胎护耳后侧,软翎的位置在后胎的前中部,与插翎子的翎管相距10厘米,用22号铅丝固定于盔胎上。由于翎簧较长,插入翎管后非常容易抖动,可以在翎管口上方附加一块小棉枕,小棉枕横向放置,用22号铅丝固定,让翎簧依附在小棉枕上,起到一定的固定作用,使其减少晃动。一对翎子装插时需要使其伸出盔帽的幅度、翎尖的钩状保持完全的一致与对称,使其与帽体和谐统一。当然,这种办法也有缺陷,会给观众带来人物出场过于高调的"耍"翎的印象,影响整体人物形象的塑造;翎管口的棉枕易暴露,影响整体的完美性;个别翎腿因绑缚不得当而延长了翎簧的长度,使得重量整体失衡而导致累赘感。因此,现在的软翎大多改为护耳后面做翎管装置,可以使翎管稍长而增加其稳定性,翎簧的长度根据翎管位置稍做加长调整即可,更能呈现翎子与冠盔浑然一体的状态。

第三节　鞋靴的种类与穿戴规制

戏曲服装中搭配的鞋子一般叫"靴",也称"靴子",通常为高帮或者长帮的鞋子,帮子多由棉布和大缎制作。通常根据不同的角色与行当,搭配不同品类的戏靴,靴子的色彩与图案搭配主要参考戏衣。

秦汉时期,技艺表演被统称为"角抵戏"。据《乐书》所记载:"角抵戏本六国时所造,秦因而广之……角者,角其伎也,两两相当,角及伎艺射御也。盖杂技之总称云。"戏剧史家周贻白先生(1900—1977)说:"角抵之戏,广义的解释,为各类技艺的相与竞赛;狭义的解释,则为两人角力(即今之摔跤)。广义上,角抵戏所包含的技艺甚为广泛,事实上可认为是'百戏'。"由此可推断角抵戏未必穿鞋,至少"较其伎也,两两相当"的"摔跤"是得赤脚的。至唐代,舞伎和乐师穿靴的习惯已有文字记载,唐穆宗时有"参军戏"中的艺伎刘采春,元稹《赠刘采春》有云:"正面偷匀光滑笏,缓行轻踏破纹波。言辞雅措风流足,举止低回秀媚多。"[①]另有《旧唐书·音乐志》记载:"安国乐工人,皂丝布头巾,锦襟领,紫袖裤。舞二人,紫袄,白裤帑,赤皮靴……"自杂剧兴起,尤其至元代杂剧发展至鼎盛阶段,戏鞋的穿着搭配也慢慢进入程式化,按照角色与行当的分类,戏鞋的使用有了符合戏目服装搭配的规制。《扬州画舫录》卷五中对鞋的品类有详细的记载:"靴箱则蟒袜、妆缎棉袜、白绫袜、皂缎靴、战靴、老爷靴、男大红鞋、杂色彩鞋、满帮花鞋、绿布鞋、洒场鞋、僧鞋。"[②]可见当时鞋子的分类与穿戴规制已相当完善。当今戏靴的种类繁多,常见的有朝方靴、高方靴、快靴、云头靴、虎头靴以及各种"改良靴"。

一、鞋靴的分类

(一)靴类

戏靴中,朝方靴也称"方靴",与高方靴款式基本一致,只是前者靴底较薄,鞋型较窄。在没有厚底靴之前,皆使用朝方靴,现在一般为丑角所饰演的官员、文人,以及不穿蟒的方巾丑和行动较快的年轻角色所穿。如《刺汤》中的汤勤、《盗书》中的蒋干均穿着朝方靴。

高方靴也叫"厚底靴",皇帝、王公大臣穿蟒或者箭衣、官衣的人物均穿高方靴,扎靠带盔帽的将领亦穿高方靴。靴头为方形,高腰,白色的靴底高度为 6.5~10 厘米,鞋面为黑色缎面。靴筒上缝有系带,在穿扮时用来与腿固定。高方靴主要为生、净角色搭配蟒袍、官衣、靠、氅等庄重正式的穿扮。女用高方靴的款式同于男用,多数用在女扮男装的角色上,使之增加身高和男子气概,靴子的厚度可根据演员的身高在制作时进行设定和调整,鞋面与帮子颜色花样也可根据服装而搭配。清代净角演员陈明智,就有高方靴演绎的记载,王载扬的《菊庄新话》中记录:"陈始胠其囊……出其靴,下厚二寸有余,履之,躯渐高……演《起霸》出。《起霸》者,项羽以八千子弟渡江故事也。陈振臂登场,龙跳虎跃,旁执旗帜者咸手足忙蹙而勿能从。"从中可以看出厚底靴有增加武将气势和威严的用途。

戏靴中的快靴为薄靴底,中高腰,腰过脚踝,大缎所制,有纯黑色,也有花色。鞋底料为皮革,反绱手工缝制。素色快靴的前脸、后跟一般装饰皮革如意头,靴中线拼合一直到腰口,为皮革滚边,花色快靴的底色与图案一般与所穿的戏衣图案一致。通常为绿林侠客、捕盗快手等武生搭配打衣、快衣时使用,便于开打。

猴薄底靴的版型与快靴相同,但面料为黄色大缎,并绣有虎皮花纹,是孙悟空一角的

① 王启兴.校编全唐诗 中[M].武汉:湖北人民出版社,2001:2339.
② 陈申.中国京剧戏衣图谱[M].北京:文化艺术出版社,2009:310.

专用靴。另有猴厚底靴、虎头靴。

虎头靴因鞋头装饰虎头纹而得名，高腰正面绣有虎身，周围有火焰，寓意"虎虎生威"。所用面料为大缎，主要颜色有黑、绿、宝蓝、杏黄、白、粉等，靴底有厚、薄两款，薄底多为武生穿改良靠时所搭配。其中个别颜色搭配特定厚度的靴底有专属的人物形象，如绿大缎厚底虎头靴为关羽所穿，黄色大缎厚底虎头靴为孙悟空穿蟒时的固定搭配。

官靴也称平底朝靴，源于民间的便鞋款式，黑色素大缎，硬胎对脸，正中拼缝为皮革滚边，靴底厚为 1.5～2 厘米。

改良靴为传统戏曲表演中常用的高帮或长帮的戏靴，经过款式改革与图案的灵活运用，俗称"改良靴"。

（二）鞋类

彩鞋是戏曲中常用的便鞋，为夫人、小姐、丫鬟等女性角色所穿，旦角所穿的鞋也可统称为彩鞋。彩鞋有平底和内增高底两种，均为浅口鞋。制鞋料子为各色大缎，鞋面有绣花，鞋头缀有一团真丝穗。

登云履也叫"云履"，为员外、安人、仙人、道家等角色所穿，前脸有两种，一种为平面的云头纹样，另一种为立体云头，故也叫"云头履"，腰间均有回云勾纹样。白色鞋底，厚6～6.5 厘米，鞋面为缎面，黑、绿、湖蓝、粉色居多。诸葛亮在《借东风》中所穿的便是此鞋。

旗鞋，形似彩鞋，鞋底与彩鞋不同，呈倒置的花盆形状，因此又名"花盆鞋"，源自清朝皇族的服饰制度中女子所穿的花盆底鞋，穿着旗鞋的均为上等地位的女子，戏曲专门用于搭配旗装所用，如《四郎探母》中的铁镜公主，又如《刘铭传》中的慈禧太后。

福字履也叫"夫子履"，为年轻的才子、书生、老翁、老妇等角色所穿。前脸镶福字或蝙蝠套云头团，故也称"蝠子履"，鞋底厚约2.5 厘米，配色多样，穿着时根据服装的颜色搭配。另有款式类似的如意履，即鞋头为如意头，穿着如意履的皆是有学识的读书人以及受人敬仰的老旦。例如《柳荫记》中的梁山伯、《三顾茅庐》中的黄录彦等。

方口皂鞋是平民百姓穿的劳作之鞋，由黑色或青色缎面所制，与现在男士布鞋相仿，其"方口"并不指鞋口为方形，而是指鞋底形状为矩形。另有厚底方口靴，《四进士》中的宋世杰、《苏武牧羊》中的苏武等文人都穿着此鞋。

另有布面打鞋，为士兵、马夫所穿；尖头便鞋，为丑婆所穿；洒鞋为短腰、薄底，缎面或布面上有鱼鳞纹，为水路英雄所穿，草莽中善于飞檐走壁的好汉亦穿洒鞋，如《时迁偷鸡》中的时迁，又如《三岔口》中的刘利华；草鞋为乘船渔夫、樵夫所穿；僧人所穿为僧鞋，素色。戏鞋多数以历史生活中的鞋为原型，同时为增加舞台表演性对其美化加工，更显艺术性。

苏州传统剧装艺术

二、鞋靴的表演程式

演员利用鞋靴设计巧妙的下肢表演动作,是戏曲表演的独特魅力之一。戏曲表演程式动作的"亮鞋底",为台步中的经典动作,武将在锣鼓声中起霸①出场,起始的徒步往往用亮鞋底的功夫,演员先抬左腿,绷紧脚背徐徐从内向外伸出,与右脚平,勾起脚面将鞋底由里向外翻,使观众看到鞋底,随后由远至近地收回左腿,再迈右腿亮相,显器宇轩昂和飒爽英姿。

在"袍带丑"②的台步中,亦有亮靴的程式表演。如《群英会》中的蒋干一角,迈出左脚,右脚半曲蹲,抬起左脚由内至外画出弧线轨迹,随后勾脚尖,鞋头朝外亮鞋底,随后落地,右脚重复此步骤,用轻松的步伐传递出丑角诙谐的一面(图2-35)。

另外,演员通过鞋靴的表演亦可反映人物性情。例如,在《史文恭·拜庄》一出,史文恭与卢俊义决裂前,向前跨出三步,右手抚起袖子,左右拨起衣襟,左腿绷直,脚背抬起,随后勾脚背,亮鞋底,向前迈开步子,以显史文恭心里的盛气与傲娇。

戏曲表演中的"提鞋",亦是舞台上常见的程式动作。男性角色提鞋,一般以骑马蹲裆姿势,提左侧鞋,双手从右向左画出一个弧形,屈身向左做出提鞋的虚拟样子,右边提鞋则反之。女性角色提鞋时,提左侧鞋则左腿向右脚伸去,身体向下蹲,右

图2-35 《群英会》蒋干
迈右脚,左脚半曲蹲状态

手做提鞋的虚拟动作,提右鞋则反之。男子提鞋动作幅度更大,表演性强,而女子则为体现娇柔一面,动作幅度较小。提鞋动作一般在剧中人物逃难或行色匆忙的情节中表现。

踢鞋是戏曲中常见的扑跌特技,即表演时趿拉着薄底鞋的后帮,仓皇而逃时右脚向右,遂即将鞋向前踢飞出去,平稳地落于头顶上,然后后顾四处寻鞋,无意低头而鞋顺势落下,再将鞋穿上。《黑驴报》中的范仲禹出箱复活而疯,就用踢鞋特技表现魂不守舍。《断桥》中的许仙,逃出金山时遇见横眉怒目的小青,吓得惶惶不安,亦用此特技表现惶恐、慌张。

---

① 起霸,指起而称霸,又为戏曲表演中的程式之一,动作是"提甲行走",即提着靠徒步行走的动作。
② 袍带丑,也称"官丑",传统戏曲角色行当之一,京剧文丑的一种。扮演做官的人物,文官、武官,正面人物,反面人物都有。如《棋盘山》中的程咬金、《昭君出塞》中的王龙、《失印救火》中的王祥瑞、《斩黄袍》中的韩龙等。大多说京白,有的也说韵白,一般讲究口齿伶俐、念白清脆。

传统戏曲角色行当的穷生,亦称"皮鞋生",属于小生,主要特征为身着"富贵衣"。大部分穷生饰演落魄不第的文人,如京剧《棒打薄情郎》中的莫稽、昆剧《评雪辨踪》中的吕蒙正等。穷生在舞台上走路时,一般都趿拉着鞋后帮,拖着布鞋擦地移步,类似日常生活中拖着鞋皮,两手时常抱胸,却不轻易耸肩缩颈,这些细节动作微妙地阐释了这类人物寒酸而又傲骨的心理状态。昆曲中称"苦生",因"拖鞋皮"的步法,又名"鞋皮生",或也叫"黑衣生"。

第四节　其他剧装戏具的主要品类与材料

除了剧装,舞台美术还包括布景、道具两个部分。[①] 戏曲表演讲究虚拟性和意境的营造,在道具的使用上有模拟场景和象征性的作用,有别于话剧与电影等的写实性。这一特征从戏剧诞生至今日戏剧舞台,一直贯穿始终。

在戏剧舞台上,简单的"一桌二椅"的摆放程式便是道具象征性的体现。例如,将椅子放于桌子之后,桌子作书案,表示公堂或者书房;若将椅子摆放于桌子前面,则表示客堂、前厅场景;另外,桌椅还可采用其他摆放形式以表示卧室、城楼、船只等。再如,船夫摇船桨,演员在唱演的过程中做出站在船上因泛水波而身体晃动的样子来演绎坐船;马鞭在舞台上代替骑马,演员挑甩马鞭,脚做上马动作,即表示骑马。因舞台场地有限,故戏曲常采用小型道具借代大型道具和大场景的表演,车辆亦由画有车轮的"车旗"代替,这些象征性道具的使用结合演员的表演,将戏剧的意境展现得淋漓尽致。

刀枪把子以民用的器具加以美化而用作戏曲舞台表演,南北方之间,素有"南方从文,北方习武"的特点,故北方人"耍把子"相较于南方人有一定的优势。又因苏州位于长江三角洲,常年雨水充足,空气湿润,尤其在春夏交际时还需经历黄梅季[②],所以产于本地区的木材、藤蔓中水分子饱和度较高,湿气也相对较重。当出自苏州的刀枪把子和其他戏具销往北方和西北地区时,藤料有较好的稳定性,而木料则会经历一个再次风干的过程,容易出现开裂的现象。所以相对于北方的刀枪把子戏具,苏州地区在这一领域的制作技艺相对薄弱,北方的河北沧州、保定等地的手艺较有优势。

"文革"时期,苏州的刀枪戏具制作业与沈阳兵工厂合作,曾经一度进入繁荣时期。"样板戏"有一段时间所用的刀枪戏具为真实器具,枪托、枪把均由兵工厂生产制造,并且

①　项晨,韶华. 京剧知识一点通[M]. 北京:人民音乐出版社,2008:176.
②　黄梅季是指春末夏初梅子黄熟的一段时期,这段时期我国长江中下游地方连续下雨,空气潮湿,衣物等容易发霉。也叫黄梅天。

将兵工厂淘汰下来的兵器做新一轮加工。真刀枪制作不到一年，由于政府管制而禁止再做，此后苏州的刀枪把子地位逐渐开始下降。20世纪80年代中期，苏州剧装戏具的生产集中在市区内，因刀枪制作时开木料及上漆对居民造成生活上的困扰，而被迫逐渐缩小生产规模，90年代后，刀枪把子的制作逐渐从市区迁至苏州太湖区域。虽行业仍然保留，但已不再兴旺。

2000年左右，苏州地区承接了大批量的戏剧和影视剧的剧装和器具制作项目，在此期间，以李荣森为代表的剧装戏具制作人，为了进一步提高刀枪把子等戏具的真实性，对刀枪把子的制作进行了改革，以橡胶来代替以往的木头、竹片，橡胶亦可以避免木制戏具由使用不当而造成的伤害。李荣森为枪头、箭头等铁器专门开模，在反复试验中确定了以黑色橡胶成型，用银粉与清漆涂刷橡胶表面，并且在刀背和刀背棱角面用老棉花轻轻擦拭，做出铁器的金属质感和磨损感的技术。后来又将这一铁器制作方法运用到影视剧服装的盔甲制作中。

第三章　苏州剧装的艺术形式及其文化内涵

服饰体现社会文化的特征,各地的风俗之异可直接从服饰上体现出来,俗语说"十里认人,百里认衣"正表达了这层意思。戏剧除在表演、舞美、剧情内容、音乐唱腔等方面具有很高的艺术价值以外,剧装也随着朝代的变迁、服饰制度的变化而不断更迭,已形成较为完整的规范的穿戴体系。

苏州剧装的艺术风格形成与江南风土人情、审美习惯以及周边戏剧院团主导的剧种有主要关系。

第一节　苏州剧装中的色彩

一、色彩的程式性

我们的先祖很早便开始使用动植物的色彩元素进行织物的染色,并且通过对色彩的使用划分出社会尊卑等级,如将色彩分为"上五色"与"下五色"。西方人对色彩的认知,是通过颜料实验配比而得到的,具有一定的理性判断。而中国古代的辨色方式是以视觉感受为参考的,具有一定的感性因素。"赤""黄""幽""白"这几个表示色彩的词在甲骨文中已出现,用于描述动物的毛发颜色,这些词与具体的事物相关联,意在强调人们对某种事物的详细认知。

色彩的意义是人类社会文化长期积淀的结果,它是服饰文化的主旋律之一,着装的色彩以崇尚和禁忌为主线。[①] 中国历代服饰制度中,对色彩的运用十分严谨,颜色在服饰上的使用已有了相当完备的程式性。因此,源自生活服饰的剧装,也就自然有了色彩的程式性。色彩的程式性多体现于服装底色(即面料的颜色),其最主要的功能为等级区分,其次还包括方位、人物属性、性格特征等方面的对应性。

(一)"上五色"与"下五色"的概念

在古代服饰中,"上五色"亦称为"正色",指赤、青、黄、白、黑,"下五色"亦称为"间色"或"副色",指绀、红、缥、紫、流黄,其他颜色则统一称为"杂色",常见的杂色有绛红、藕合、月白、金、驼、灰等。上下五色在戏剧服饰中有默认的对应颜色,其中"赤"指大红、正红;"青"为老绿,指较深的草绿,浅于墨绿;"黄"指明黄(即中黄);"绀"指宝蓝色;"红"指粉红色;"缥"为湖蓝色;"紫"为由大红与湖蓝调和而得的紫色;"流黄"指秋香色,与橄

---

① 赵庆伟.中国古代服色流变探讨[J].湖北大学学报,1997(1):47.

橄绿相近,也叫古铜色;"黑"在剧装中雅称为"青",与白色同为中性色。

（二）剧装中"上下五色"色彩体系的形成

我国的戏剧艺术在持续千年的封建社会背景下产生,题材多取自历史故事以及历史小说和神话,因此,剧装的色彩程式必然受到古冕服的"五采"、中古时的"品级色"的影响①。换言之,古代服饰文化对剧装色彩体系的形成起到主导性作用。明代杂剧中已出现黄色蟒袍,至清代,昆曲"行头"中已有不少服装分为五色。以蟒袍为例,在清宫《穿戴提纲》中记载的蟒有:昭君穿红蟒,尉迟恭穿黑蟒,徐勣穿香色蟒;杨延昭穿月白色蟒;"观画"中的孤儿穿银红色蟒;项羽穿白色蟒;"打围"中的吴王穿粉红色蟒;鲁肃穿蓝色蟒,关羽穿绿色蟒;北阴圣母穿黄色蟒;普贤菩萨穿紫色蟒;马腾穿石青色蟒。②总计颜色有十二种,剧装色彩对上下五色的拓展大大增强了舞台表现力。在上下五色的色彩体系概念中,服装的色彩在戏曲中有四项程式性体现,首要的为人物身份等级的区分,黄色表示尊贵与崇高,所以刘备、唐明皇、刘启等历史君王角色穿黄蟒或黄帔等;青色表示卑微,故为农民、屠户、船夫兵卒等劳动人民或小卒所穿;在神灵中,位份居高的如天、地、寿福神穿红色,而位份低的厕神、判官以及龟、鳖使者则用绿色。颜色的程式性其次表现为方位,中国自古讲究五行、五色、五向的观念,在戏剧中,分别用青、白、赤、黑、黄代表东西南北中五个方位的戏剧角色。如五方鬼分别戴青色、白色、赤色、黑色和黄色的鬼头;《封神天榜》中东西南北各方向的行瘟使者分别穿本方位的蟒,配本方位颜色的玉带,同时东西南北中五个方位的主痘正神,则分别用绿、月白、银红、青、金黄五色蟒;若不以服装颜色来区分,则会用到其他部件,如四海龙王用表示其方位的颜色来做头发的颜色。颜色的程式性还表示人物特征,如灶君与火有联系,所以穿红色的火裙;雪神与雪相关,故以一袭白衣为符号。色彩的程式性也表现在人物性格上,黑色代表刚正不阿、性情豪放,故项羽、张飞、武松以及李逵等英勇猛将皆以黑色剧装为主。

二、苏州剧装的配色方式

剧装发展至今,颜色的使用在遵循传统戏剧演出的色彩程式性基础上,更为灵活变通。秦文宝老师认为,颜色能得到合理运用,一台戏的剧装就成功了60%,甚至达到70%③。颜色与人物有关,跟故事情节有关,跟整部戏的风格有关,同时也与观众的欣赏眼光有关,配色在舞台上可以体现整体服装的基调。

苏州为江南水乡,民风婉约,向来有以柔为美的审美特征;昆曲源于苏州,代表性剧目《牡丹亭》《长生殿》《桃花扇》等均以才子佳人故事为主题,少有武戏,所以常以文雅、娴静

①　谭元杰. 戏曲服装设计[M]. 北京:文化艺术出版社,2000:83.
②　张锐. 清宫戏衣初探——以故宫藏乾隆时期的"蟒"为例[J]. 戏曲艺术,2018(2):136.
③　中国戏曲戏曲学院秦文宝教授口述,笔者记录整理.

的配色来烘托情感氛围。苏州剧装业以制作昆曲服装为主,在色彩搭配上形成了用色静美、和色自然的风格。

苏州剧装图案配色的基本原则为上下呼应、左右一致,通常冷色底料配暖色图案,暖色底料则配冷色图案,使图案与底色相互烘托,整体色彩风格清新雅致。男款的蟒、靠、箭衣和打衣等,大多是单色系配色,如红地配三蓝、绿地配三黄、白地配三墨、黑地配全白或三蓝,色彩简约且对比鲜明,体现男性大气、率直的性格。男款褶子大多以紫色、绛色、宝蓝、褐色配盘金,主要表现人物张扬、鲁莽和勇猛的特质,这与北方剧装的配色几近相似。旦角所穿的款式,一般使用间色,粉红配密绿,淡湖配密黄,银灰配粉蓝,相较于北方的配色,更显雅致柔和。旦角中的花旦所穿款式颜色较为丰富,体现柔美多姿。其中也不乏特殊配色的例子,如《白蛇传》中白娘子一角,多以白底配蓝、灰、湖色;老生和老旦,多用秋香色、绛红色,以体现沉稳庄重;青衣主要表现雅洁文静,所以颜色单一,丑角则相反,颜色繁杂。这些一般规律均需根据不同剧种、剧情和角色特点进一步细化。[①]

第二节　剧装图案的运用

图案是剧装的主要构成要素之一,在剧装中主要起装饰性与标识性的作用。剧装中的图案色彩往往与剧装面料构成冷暖对比、明度对比,增强剧装的装饰性。其在剧装中的运用,同样受到古代服饰文化中图案运用的影响,在漫长的剧装艺术发展过程中,逐步形成了剧装图案的程式性,即标识性,主要体现在图案类型的选择和图案的布局方式上。在盔帽和鞋靴中亦讲究图案的程式性。

以传统剧装来讲,剧装图案不分朝代,以"明清制式"为主。但是在制作当今的新编历史剧和现代戏的剧装时,对于图案的要求有所提高,需要在图案中糅合符合朝代的元素。图案设计依据的是服装的具体款式和剧中角色的身份,一般有身份的人物有具体的图案,身份较低的人物则用角隅、花边和抽象的团;整体上强调上下协调、左右对称。

一、剧装图案的源流

苏州剧装图案艺术的特点主要表现为写实性和吉祥的象征性。

殷商时期,冕服制度形成,至周朝完善,十二章纹作为冕服的主要装饰纹样也标志着以图案区分等级观念的形成。至唐代,"丝绸之路"发展至鼎盛时期,经济和文化繁荣发

① 胡小燕,李荣森. 苏派戏衣业溯源与艺术特色分析[J]. 丝绸,2019(1):82.

展为艺术创作奠定了良好的基础。宋代在学术与艺术造诣上推崇"穷理尽性",即穷究天下事物的本质原理,通过考察客观事物而彻底了解其理和性。这一特征在宋代书画艺人的创作过程中亦有体现,如范宽为画山水画而常年居于终南山、南华山;文通绘竹则建亭屋于竹林以居等①,早期的剧装图案多由书画文人起稿,通过"粉本复制"②的方式形成剧装刺绣的纹样。这种图案风格逐渐使意匠化设计衰退,写实风格逐渐增强,客观景物成为装饰表现的母题。③ 这一风格在明清时期一直被延续,并日趋发展成熟。其主要体现于写生的花卉、鸟兽纹样上,运用较为广泛的属生、且剧装上常出现的蝶恋花、岁寒三友与花中四君子所构成的枝子花或团花图案,这些经典的图案形式一直沿用至今。

二、剧装图案的象征意义

传统的剧装图案题材主要取自中国历代服饰上的刺绣、织锦、缂丝等面料上的纹样,同时吸收了青铜器、玉器、漆器等器皿上的纹样以及壁画中的元素。从纹样的出处可以分为古代美术纹样、历史服饰纹样、民间吉祥纹样和宗教纹样四大类。这四大类纹样有交叠,譬如龙凤普遍出现在前三大类中,表现形式却不尽相同,为了避免重复性,本书以纹样主体性质将其归纳为神兽动物纹样、自然景观纹样、植物纹样、宗教纹样、文字纹样以及抽象纹样。

(一)神兽动物纹样

1. 龙纹样

龙纹在剧装的神兽动物纹样中居要位,可分为具象龙纹和抽象龙纹两种。具象龙纹借鉴于明清时期皇帝专用的龙纹袍服。汉代以前,龙被视为图腾崇拜中的神兽,代表祥瑞;从汉代起,龙纹逐渐为帝王所用,象征地位与权力,历经朝代变革,至明清,龙纹最终成为帝王专用,且造型日趋富丽,细节描绘细腻而生动。清代龙箭衣的团龙纹样制式至今沿用于剧装款式中的蟒、箭衣上,龙箭衣衣身的前胸、后背、左右肩各有一条龙,前后身各有两条龙,里襟有一条半龙,共九条半龙,称为"九五"④,象征至高无上的权力。团龙在剧装中拓宽了其运用范围,以帝王专用泛化为帝王权臣通用。历史服饰中的蟒纹与龙纹仅以"少一爪"为差别(蟒为四爪),蟒袍的制衣结构在剧装中被沿用,但蟒纹在剧装的发展中,从清代以后逐渐被舍弃,均以五爪龙纹代替,以形式多样的行龙、升龙、降龙、双龙戏珠等

① 李德仁. 元代画风转变与文化转型[J]. 荣宝斋,2005(4):86-97.

② 粉本复制:粉本即画稿,将画稿沿着线描扎孔、扑粉,使粉透过小孔在面料上留下路径并形成图案,再经勾勒描线,完成图案复制。

③ 管骅. 昆剧舞台美术源流考[D]. 苏州:苏州大学,2006.

④ "九五之尊"出于《易经·乾卦第一》:"九五,飞龙在天,利见大人。""九五之尊"者,享人皇气运。周文王演后天六十四卦,为《周易》,首卦为乾,为天。乾卦六爻皆为阳,乃极阳、极盛之相,第五爻称为九五,九即为阳。此爻,正应"九五"之数,为六十四卦三百八十四爻之第一爻,应帝王之相。故古代称帝王为九五之尊,"九"和"五"两数通常象征着高贵,在皇室建筑、生活器具上皆有体现。

广泛运用于蟒、帔、靠、箭衣、马褂、斗篷等款式上。

抽象龙纹主要来自汉以前的器皿纹样,结构简洁,线条劲挺,在剧装中被称为"草龙",一般作为连续纹样被用作缘饰,如蟒的领口、插摆,开氅的袖口、下摆,箭衣的衣襟、袖口,也以草龙团用于太监衣、改良官衣等。

为了强调龙纹在剧装上的装饰性,龙纹一般与凤纹、云纹、海水纹、火纹、龙珠、八宝纹等一同构图。云纹在古代装饰纹样中象征吉祥,称为"祥云",云龙纹在明清历史服饰中有广泛的应用,这一点也在剧装上有体现,剧装的云龙纹有团云坐龙、团云行龙、团云升龙等,可表现腾云驾雾的威严,八宝纹、回字纹的装饰构图与云纹相似,寓意吉祥、昌盛。海水纹、云纹与龙纹可构成海上坐龙团与海上升龙团,有"飞龙在天"的意境。"二龙戏珠"象征吉祥,是常见的行龙纹样式,整体呈扁长形,适用于靠肚、改良蟒等款式。草龙纹除了与云纹、回字纹组合以外,在苏州剧装上,与花草组合最为多见,草龙纹线条单一,龙头、龙身的描绘简约,威严性较弱,适宜与花草构图,倾向于表现亲和力。(图3-1)

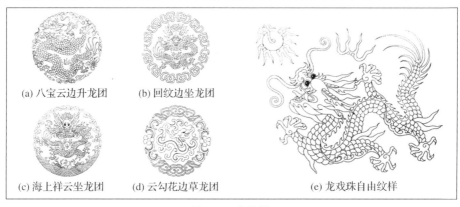

(a) 八宝云边升龙团   (b) 回纹边坐龙团

(c) 海上祥云坐龙团   (d) 云勾花边草龙团   (e) 龙戏珠自由纹样

图3-1　龙纹样

2. 凤纹样

凤纹在剧装中与龙纹相呼应,是禽纹样中的主要纹样。凤在中国古代图腾崇拜中亦是瑞禽。人们对于凤纹样的使用由来已久,河姆渡文化遗址出土陶器上的"凤凰朝阳纹"[①](图3-2),已经体现了较成熟的凤纹样造型与构图。凤纹样在历史流变中,其形象从遒劲有力逐渐发展为柔美多姿的风格[②]。宋以前,妃后的袆衣(尊贵的祭服)上饰有形似凤的翚翟纹。到宋代,皇后冠冕中出现龙凤珠翠冠,凤纹才在服饰上与龙、翚翟并用,直至明代。清代满服制度中,凤仅用于妃后的朝冠,其朝服与帝王一样,皆用龙纹。

①　庞进. 凤图腾[M]. 北京:中国和平出版社, 2006:102.
②　贺则天. 传统凤纹样在现代平面设计中的应用[D]. 昆明:昆明理工大学, 2014.

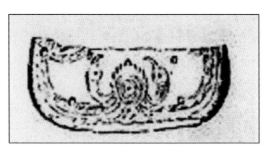

图3-2　凤凰朝阳纹(河姆渡文化遗址)

　　凤在剧装中的使用更为宽泛,其主要来自明代服饰中的凤纹样,对凤羽、爪子等有具体描绘,细节生动清晰,多用于妃后、公主、女将等所穿的蟒、帔、靠、宫装等款式。凤纹样柔美飘逸且形态极富装饰性,有多重象征意义,其以"鸟中之王"的含义象征地位与权贵,常与"花中之王"牡丹组合为"凤穿(戏)牡丹"团花,象征富贵、祥瑞;凤纹与龙纹共同使用时,以"龙凤呈祥"的寓意象征美好爱情与夫妻和谐,同时也用于老旦皇帔,体现皇帝与皇后的地位。另有草凤纹样,是通过对凤纹样造型的提炼、线条的简化而得,形态相较于历史中的草凤更为柔美,常用于落魄、出逃的皇家女子,显示其身份的同时透露出失意的状态。(图3-3)

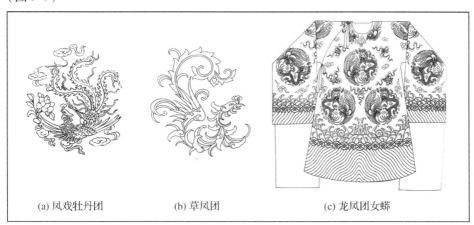

(a) 凤戏牡丹团　　　　　　　　(b) 草凤团　　　　　　　　　(c) 龙凤团女蟒

图3-3　团凤纹样

3. 麒麟纹样

　　麒麟亦是古代图腾中象征祥瑞的仁兽。明代运用于高级官员,尤其是高级武将的朝服。麒麟在戏曲服装中的形象沿用了明清时期的样貌特征,表现为龙首狮尾,全身布满麟甲,代表祥瑞与权势,多以适合纹样形式用于位高权重的大臣燕居时所穿的开氅,也以主体纹样命名为"麒麟开氅"。另有以狮子为适合纹样的"狮开氅",多见"双狮戏球"形式,以及虎、豹、象等走兽纹样,均象征武将的威武气派。

　　在这一类的神兽图案中,因南北方的不同喜好有相反的表达方式,苏州剧装中的麒麟纹样面目威严,四肢矫健,毛发量充足且飘逸,头身比例趋近于真实的四肢爬行动物。北方则一改麒麟纹样的威严姿态,在四肢神兽的形象中,头部结构均偏大,四肢相对于写实动物而较短且细,总体形象较苏州剧装上的四肢神兽更活泼可爱。(图3-4)

(a)苏州剧装上的麒麟纹样　　　　(b)北京剧装上的麒麟纹样

图3-4　麒麟纹样

4. 鹤纹样

明清官服制度中,以官员朝服的胸前后背补子上的不同类别的鸟纹区分文官品级,鹤为文官一品。"补子"形式在剧装的官衣中被沿用,但已不以补子所绣"品级鸟"区别官员等级,中下品级的官员,统一以鹤为补子图案,高品级官员皆服蟒袍。

鹤在剧装中象征德高望重、智慧过人,一般与云纹构成团鹤形式,用于开氅、帔、法衣等款式,穿着者多为军师、老年员外、仙翁等。

5. 其他动物纹样

蝴蝶是剧装中常用的点缀装饰纹样,它作为构图平衡点缀于花卉纹样中;也与飞燕、蝙蝠组合使用,散点布局于武丑所穿的打衣裤(花侉衣)中,以表现其活泼,以蝶燕象征"身轻如燕",表示武艺高强。蝙蝠常与"寿"字组成"五福捧寿"团花,象征"福寿绵延",常用于年迈夫妻所穿的对儿帔。

剧装中孙悟空(猴子)专用的猴衣纹样为"猴毛"和"猴旋",猴毛以三道黑色毛发为一组,猴旋是成旋涡状的毛发,两者结合散点布局,属典型的象形纹样。

(二)自然景观纹样

1. 海水江牙纹

海水江牙纹中的"牙"亦作"崖",剧装所用的海水江牙纹主要源自明清龙袍、蟒袍的下摆,图案下端对称斜线表江水,江水上屹立寿山石,两者中间饰祥云与海水纹,象征"福山寿海"及"一统江山,四海清平",在剧装中多与龙纹合用于蟒袍上,故也称"蟒水"或"蟒水脚",多用于蟒袍、马褂、箭衣、皇帔等下摆,同时袖口通常有配套的海水纹;海水纹还用于男靠的缘饰,象征浩瀚江海的英勇气概。在长期的发展与演变中,海水纹衍生出了多样的形式,如有平水、立湾水、直立水、立卧三江水、立卧五江水、全卧水等。

2.云纹

云纹是我国古代典型的装饰纹样之一,以雕刻、绘画、织绣等多种手段广泛运用于建筑、器皿、服饰上,惯称为祥云纹,表达了人们追求美满吉祥的愿望。我国古代是以农耕经济为主的社会,云作为一种自然气象之物,有着"云行雨施,品物流行"的说法,人们对云有着敬畏与崇拜的情感,因此,逐渐形成以云祈福的文化习俗。

苏州剧装中云纹的运用亦取自古代生活中的使用习惯,通常作为主体纹样的呼应,起到空间布局的平衡调整作用,象征祥瑞。云在剧装中常见的形态多样,主要有团云纹、流云纹、如意云纹(灵芝云纹)、卷云纹等,多用于龙纹、凤纹、鹤、麒麟等周边的点缀纹样,突出龙腾云驾雾的装饰文化与吉祥纳福的意涵。云纹也可独立适用于花褶子,以大流云纹样散点布局,表现豪迈潇洒的人物气质。

苏州剧装上的云纹总体有线条流畅、层次丰富的特征。作为剧装的点缀装饰,为了满足各种空间需求,云纹形态具有多样性和可变性,最主要的单位形为条带状与点状(图3-5),以均衡构图为主。条带状一般称为流云纹,其形态纤细而绵长蜿蜒,多转折,转折部位线条层次较多,首尾相对轻盈。点状的云纹以卷云纹与如意云纹居多,一般以2~3个小单位为一组,以其中一朵如意云朵为主体,在其周围围绕体积形状较小的如意云朵,并以若干卷曲起翘的云尾体现灵动之感。团云纹一般以如意云纹、卷云纹为单位形,同一个团云纹中的单位形态与大小各有不一,但均以水平方向和垂直方向延展,单位形无

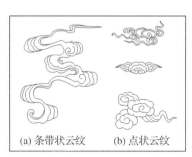

(a) 条带状云纹　　(b) 点状云纹

图3-5　云纹形态

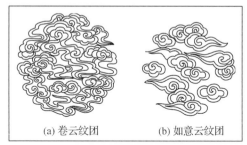

(a) 卷云纹团　　　(b) 如意云纹团

图3-6　团云纹

倾斜或颠倒的布局。团云纹在正圆中做不规则的重叠交叉的均衡排列,疏密有致,云尾相较于单独点状云纹较为平滑(图3-6)。

(三) 植物纹样

植物纹样在剧装中男女皆可使用,既可以作为主体,也适用于各种剧装款式的缘饰。主体纹样中,以梅、兰、竹、菊、松、牡丹、月季等花卉和绿植纹样为主,其中囊括了文人雅士所推崇的"四君子"和"岁寒三友"。梅、竹、松以耐寒特质象征品性高洁,兰、菊以秀雅之貌象征文静儒雅,多以枝子花形式均衡布局。牡丹以雍容华贵象征吉祥富贵,常与花草组

合为团花运用于红色对儿帔,用于新婚夫妇。

　　牡丹在民俗文化中有繁荣富裕、幸福和美的象征意义,并以色、香、韵俱全的特点被誉为"花中之王",《中国花经》记载牡丹开始种植的时期为东汉,牡丹作为纹饰出现则在唐代开元之后①,牡丹在历史服饰上的装饰和美好愿望的寄托,同样运用到了剧装上,剧装的牡丹图案常见的造型有牡丹团花、枝子牡丹和牡丹花边,体现了不同时期牡丹纹样的造型特点。

　　早期的牡丹花纹样由宝相花演变而来,唐代开元时期,仍保留了宝相花花瓣细长、抽象的风格,花瓣呈平铺展开的造型,同时图案已出现牡丹花瓣卷曲回绕的特征,这类造型清秀、典雅的牡丹常用于剧中书香世家的女子,表现其端庄大方。剧装上更为常用的牡丹纹样是成熟时期的风格,其特点为写实,花头饱满、花瓣层叠,花瓣边缘以云曲瓣表现盛开状态,以丰满的形态突出"富贵荣华"的象征意义。以枝子花和团花形式与蝴蝶构成的"蝶恋花"图案,表现生机盎然,常用于权贵世家的女子服饰。牡丹与回纹组合使用时,回纹的直线造型与牡丹花卷曲的花瓣造型形成对比,可以进一步凸显牡丹的娇柔姿态,同时线条简约的回纹亦可以中和牡丹雍容华贵的质感,使整体更娟秀,且富有书卷气息。(图3-7)以牡丹为题材的花边主题,通常花头较小,花瓣较少,亦无云曲瓣的刻画,相对于主花图案更为简约,常与卷草、如意、回纹等构成二方连续纹样,作缘饰用。(图3-8)

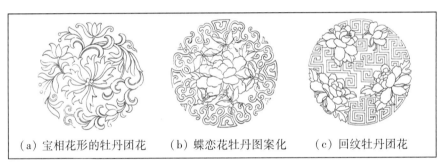

(a) 宝相花形的牡丹团花　　(b) 蝶恋花牡丹图案化　　(c) 回纹牡丹团花

图3-7　牡丹团花样式

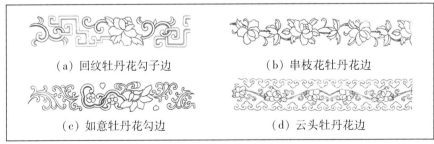

(a) 回纹牡丹花勾子边　　　　(b) 串枝花牡丹花边

(c) 如意牡丹花勾边　　　　　(d) 云头牡丹花边

图3-8　牡丹花边样式

---

　　① 龙彩凤. 唐代典型植物纹样在家具设计中的应用研究[D]. 长沙:中南林业科技大学,2012.

(四) 宗教纹样

宗教纹样主要包括道教纹样和佛教纹样。道教纹样主要为太极八卦纹样,是剧装中罕见的抽象主体纹样,代表天、地、风、雷、山、泽、水、火,在剧装中的布局含义为:肩担天地(☰、☷)、胸怀风雷(☴、☳)、背负山川(☶、☰)、袖藏水火(☵、☲)①。在剧装中专用于八卦衣与法衣,多为军师所穿,象征通晓天文地理,智慧超群。(图3-9)

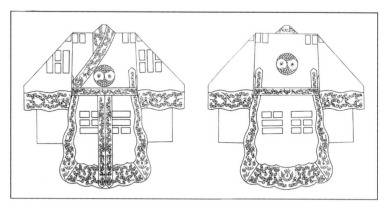

图3-9 八卦衣的八卦纹样布局示意图

佛教纹样中,"卍"字流水纹源自佛祖释迦牟尼胸前的一种"瑞相",象征万德吉祥。在剧装中,以"卍"为单位形,四端点分别向外延伸,形成四方连续纹样,以"万字不到头"象征吉祥长久,多用于缘饰或女蟒的铺地。八吉祥纹(法螺、法轮、宝伞、宝盖、莲花、宝罐、金鱼、长盘)与八宝纹(宝珠、古钱、方胜、玉磬、犀角、银锭、珊瑚、如意)多用于蟒袍的点缀,有"皇权神授,佛法护佑"的寓意,八宝也作为主体纹样散点布局于文丑花褶子。如意在剧装中不仅以辅助纹样被广泛应用,还在女帔中作为直领的结构造型,以及作为抱衣与女打衣的双托领装饰。女帔中使用竹叶为观音专用的"观音帔",竹叶象征观音居于南海仙山紫竹林。

(五) 文字纹样

剧装中文字纹样具有人物身份标识性,主要有"兵""卒""僧""佛",通常以团花形式分别用于对应的人物剧装,且一般仅以一团装饰于前胸和后背。"寿"字运用较为广泛,常以团寿形式运用于帔、开氅、褶子中,用于年迈的生、旦角色。"寿"字在苏州剧装上长年使用的演变过程中,演化出多种形态的意向型"寿"字,一些简化了传统寿字的原有笔画,使其更为简约,与装饰纹样搭配为团花时使其疏密关系更清晰,主题更突出;一些"寿"字则在变形的基础上增加了装饰意味的笔画,如将"寿"字两侧增加"卍"字,使其形态更为丰满,并以"万寿"表达"万寿无疆"的美好寓意。(图3-10)

---

① 谭元杰.戏曲服装设计[M].北京:文化艺术出版社,2000:100.

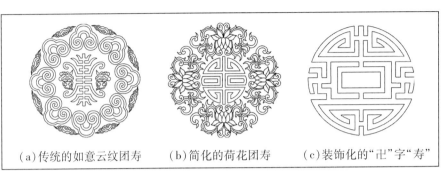

| （a）传统的如意云纹团寿 | （b）简化的荷花团寿 | （c）装饰化的"卍"字"寿" |

图 3-10　传统寿字团花与演化的寿字团花

（六）　抽象纹样

抽象纹样多取自博古纹（主要为商周时期的青铜器与秦汉时期的瓦当），主要以二方连续纹样形式修饰缘饰，也用于主体纹样的烘托，如与"寿"字、牡丹、鹤、麒麟等组合构成团花，能够使主体纹样构成更为丰富，细节更精巧。抽象纹样一般不单独使用于有地位、有身份的角色，单独做缘饰时用于身份地位较低或剧中没有具体名字的角色。

三、图案的造型与布局

（一）适合纹样的造型与布局

剧装中常用适合纹样造型为正圆形。从寓意上看，圆形的寓意取自我国古代"天圆地方"的认知，"圆"相当于"无限"的哲学含义，这也是历史服饰中黄袍多用团龙纹的原因，象征帝王主宰天下；在民间则以圆寓意"圆满和美"。从形式上看，正圆的造型端庄大气且柔和，弧线流畅婉约，有儒雅之风。所以在剧装中，纹样汲取了正圆的形式美和寓意美，团花在蟒、帔、褶、箭衣、改良官衣、学士衣、开氅等款式中被广泛运用，其中团龙和团凤多用于蟒和对皇帔、龙箭衣，改良官衣、学士衣所用团龙为草龙；团狮、团鹤等多用于开氅，为英俊潇洒的武将所穿；团花适用人群最广，用于男女帔、男女褶子、开氅、箭衣、坎肩等众多样式。

团花造型端庄稳重，也是对应人物性格特质的体现，多用于气质庄重的青年以及年长且从文的角色，以凸显其性格的严谨与随和的性情。团花的布局特征行内称为"一团四角"，即大身胸口为"一团"，下身左右各一团，两肩各一团（正面仅看到半个团，另半个在后身），即"四角"，另外两袖片背面各有对称一团，整体布局的对称形式亦是大方庄重的象征。如《甘露寺》中的赵云通常穿白地团狮开氅（图 3-11），狮子以显其武将身份，团花表明他性情中和而非豪放彪悍。

除圆形外，官衣中的补子是剧装中较为少见的方形适合纹样，后在改良官衣中也改为单团饰于胸前和后背。

图 3-11　赵云所穿白地团狮子开氅　　　图 3-12　以鱼鳞纹铺地的男大靠

　　剧装中不规则形状的适合纹样,以靠、三尖领、如意领为典型,靠的部件繁多,且由各种弧线与直线组成各不相同的形状,男靠(图 3-12)多以海水纹作为缘饰,以四方连续纹样(鱼鳞、人字、"卍"字)做铺地,完整的形状如在靠肚、护肩等处以双龙戏珠或虎头来做适合纹样;女靠则以牡丹和卷草纹做缘饰,以四方连续纹样(柳叶、灯笼、"卍"字、鱼鳞)做铺地,完整的形状一般以凤穿牡丹、牡丹花来形成饱满构图。

（二）自由纹样的造型与布局

　　剧装中的自由纹样主要与团花形成对比,形态更为生动活泼。剧装中常见的自由纹样为行龙、飞凤、双狮、麒麟等,使用范围最广的当属枝子花。

　　除飞凤以外,神兽动物类的自由纹样一般所占面积较大,通常在蟒和开氅款式中以单个纹样占据主纹样的地位,有突出、醒目的特点,其象征性和标志性也随之更为直观。以纹样的张力和启示表现人物威武豪迈的特质,常用于性情粗犷、义气雄壮的从武角色。

　　枝子花则在帔和褶子中有广泛的使用,多用于年轻的文人才子与闺中少女。就单枝

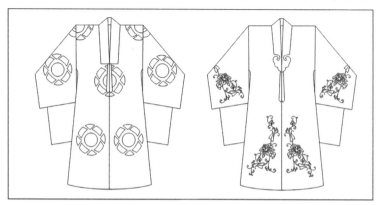

图 3-13　团花的一团四角布局与自由纹样对称分布示意图

花而言,花枝主次分明、疏密有致,自由且有均衡延伸性。对称式布局多见于帔,而均衡布局和角隅布局则通用于帔和褶子,相较于团花更柔美。均衡布局方式更自由,造型更舒展,以表现少女和才子性格活泼、追求自由的特质。(图3-13)

(三)连续纹样的布局

连续纹样主要分为二方连续与四方连续。二方连续呈条带状,广泛涉及插摆、飘带、玉带、腰带、领子等条带状部件,以及袖口、领口、下摆、开衩等的纹样装饰,主要起到烘托主题纹样和美化的作用。

二方连续纹样的题材一般不受限制,主要与主体纹样呼应,若主体为龙纹,二方连续纹样可用龙纹、海水纹、云纹、博古纹、草龙纹;若主题是凤纹,二方连续纹样可用凤纹、牡丹花卷草纹、牡丹回纹、如意纹以及其他花卉组合纹。

四方连续纹样多取自古代织锦中的图案,剧装中主要用作铺地,一般单位形较小且整体秀气,常用的有三角柳叶形、灯笼、人字、"卍"字、鱼鳞、冰裂纹等,用于主角所穿的蟒、宫装、靠、大铠等,以饱满的构图凸显雍容华贵。

四、苏州地区对图案的使用习惯

苏州地区的语言是吴文化特有的吴侬软语,对于历史、信仰和习俗始终抱着虔诚的严谨态度,在尊重传统剧装图案使用的程式性基础上,个别图案在苏州剧装上有着特殊的使用习惯。

荷花是慎用的花卉之一。"荷"即"莲","莲"指荷花的果实,古语称之"芙蕖",唤花为"芙蓉",花苞为"菡萏",叶子为"荷",花托为"莲蓬",所以莲、荷均是芙蕖的一部分。荷花有四种象征意义,其一由莲花的生长环境和形态直观体现,荷花花开清香,碧叶连天,以"出淤泥而不染,濯清涟而不妖"象征清白高洁的品性。其二,中国传统文化中赋予荷花吉祥如意的寓意,这源于荷花在佛教中的地位。佛经中把佛国称为"莲界",把寺庙称为"莲舍",把出家人所穿的袈裟称为"莲服"。《涅槃经》说佛有四德①,即常、乐、我、净;《华严经》中记载:"莲华,有四德:一香、二净、三柔软、四可爱,比如四德,谓常、乐、我、净。"莲华的"四德"与佛的"四德"相应,可见荷花在佛教中的崇高地位。其三,荷花象征爱情,荷花别名"水芙蓉",谐音"夫荣",且并蒂莲尤如此,双莲生一藕的图样称为"并莲同心"。其四,"水芙蓉"中的"蓉"字谐音"荣",荷花和牡丹在一起,称为"荣华富贵";荷花和单只鹭鸶在一起,寓意"一路荣华";牡丹、荷花和白头翁在一起,则称为"富贵荣华到白头"。

---

① 四德:常德,指佛性常住不离,具有"历三世而不迁,混万法而不变"的固定德行;乐德,指佛陀乐于远离人世间生死逼迫之苦,乐于寂灭于涅槃净土佛国;我德,指佛陀虽在人世间,但早已脱离了凡夫俗子的"妄我",而具有"八自在"的"真我";净德,指佛陀远离人世间的污垢而无染,犹如清净的大圆镜,了无纤翳。

虽在传统意义上荷花多为吉祥和美好的象征,但苏州地区的剧装上却不轻易使用。在日常习俗中,荷花被人们放于特殊位置,这一习惯同样沿用到剧装上,荷花一般用于与佛教相关的角色以及仙翁等,平常人士一般不选用荷花。剧装中的女白褶子,作为孝服使用,区别于生活中一身缟素的孝服(忌彩色图案装饰)。但戏曲服装的设计按照传统的美学原则,对孝服也加以适当的美化,摆脱了生活中的一般形态,以荷花为连续纹样做边饰或以枝子花做角隅纹样,表示庄重与对已故之人的尊重。

花中四君子之一的梅花象征秉性高洁,在苏州剧装中被用于文人雅士与才子,但在构图上却别有讲究。梅花的构图在苏州剧装中一般忌讳从上往下垂枝,因为梅花倒着构图为"倒梅",与吴语(苏州话)"倒霉"发音相同,故在苏派剧装中用梅花纹样时尤其注意梅花构图的造型,一般不在肩部、腰部及袖子用枝子倒垂的梅花。

蝴蝶是剧装中广泛运用于花草植物的点缀纹样,却很少用于婚嫁时所穿的红蟒或红帔上。这源自凄美的爱情故事《梁山伯与祝英台》中"化蝶"的传说,因带有离别色彩,在婚嫁剧装上一般不使用。

如今由于多元文化的融合与冲击,从戏剧工作者到观众,对于戏剧服装中图案寓意的传统观念正在慢慢减弱,剧装设计师对于纹样的组合与搭配更加自由和夸张,更多关注的是纹样设计性和审美性的体现。

第三节 剧装中的苏绣艺术

古代剧装图案的设色方式有两种,分别是刺绣和绘绣。其二者在剧装上担任"上层建筑"的角色,是剧装中重要的装饰手段。

绘绣的形式由"画缋"而来,缋也作"绘""会",画缋为作画的意思,但缋与画并不完全相同,《礼记·礼运》有言"初画曰画,成文曰缋",在《汉书·东方朔传》中颜师古注"缋,五彩也"[1],即可以理解画为单纯的线条,施五色即为缋。《周礼·考工记》中亦有"画缋之事,杂五色"[2]的描述证明;《考工记》总叙亦将画、缋分为设色之工的其中两种[3]。缋在《说文》中另有"绘,会五采绣也"[4]的释义,即"彩绣"(会合五彩的刺绣),最早在《周礼》中载"此工或兼绘画及刺绣两事,故以为名"[5]。由此可见,缋与绣皆以五彩为前提,在工

① [韩]崔丰顺. 中国历代帝王冕服研究[M]. 上海:东华大学出版社,2007:311.
② 陶明君. 中国画论辞典[M]. 长沙:湖南出版社,1993:163.
③ [西周]姬旦. 周礼[M]. 钱玄,等,注释. 长沙:岳麓书社,2001:414.
④ 李传书. 说文解字注研究[M]. 长沙:湖南人民出版社,1997:190.
⑤ [西周]姬旦. 周礼[M]. 钱玄,等,注译. 长沙:岳麓书社,2001:414.

艺手段上,前者为画,后者为刺。冕服是典型的绘、绣并用的案例,其在施章纹时,上衣采用缋的方式,下裳采用绣的方式。关于古代服饰资料中不乏绘绣的记载,如《大宋衣冠图说宋人服饰》中描写革制的护腰"表面绘绣花纹,华丽而硬挺"[①]（图3-14）。早在西周时期,便已有了绘绣共施的表现手段,1974—1975年,在陕西省宝鸡市茹家庄西周墓出土的绣品,采用黄色丝线在染色的丝绸上绣制纹样,再用颜料涂绘纹样,可辨别出红、黄、褐、棕四种颜色。这与《考工记》所述"绘缋之事"不谋而合。[②]

图 3-14　《七十八神仙图》中的二例护腰

在北京故宫博物院所整理的清宫戏曲文物中,有多例关于绘绣结合的剧装记载,如《清宫戏曲文物》中对粉缎绣绣球纹宫装的描述:"领口以石青缎镶边,上水粉彩画蝴蝶和花卉,两袖左右绣以串枝绣球花纹……在裙下部工笔彩画花卉和蝴蝶,画工极精。"[③]（图3-15）又如对湖绿缎绣菊花纹宫衣描述:"上衣为湖色缎绣缠枝菊花纹,下衬月白绫绘花卉蝶纹裙。"[④]（图3-16）由于颜料的不稳定性,涂绘部分很难做到久远的保存,又因苏州刺绣产业发达,后均为刺绣所替代。

图 3-15　粉缎绣绣球纹宫装

(清 乾隆时期)

①　傅伯星. 大宋衣冠图说宋人服饰[M]. 上海:上海古籍出版社,2016:238.
②　王欣. 中国古代刺绣[M]. 北京:中国商业出版社,2015:28–29.
③　张淑贤. 清宫戏曲文物[M]. 上海科学技术出版社,2008:32.
④　张淑贤. 清宫戏曲文物[M]. 上海科学技术出版社,2008:30.

（a）宫衣全貌　　　　　　　　　（b）手绘部分

图3-16　湖绿缎绣菊花纹宫衣（清 乾隆时期）

刺绣方面，以前的戏衣庄不单独雇佣绣娘，一般与绣庄或者个体绣娘合作。绣庄即为小规模的手工刺绣作坊，是一种生产代工型经营模式，负责完成业务对象所提出的刺绣任务，在接到订单后开始动工刺绣，一般不独立开发绣品。绣娘是流动的，但在绣娘绣活的累积中，会逐渐形成专门绣剧装的一批绣娘。在新中国成立以前，苏州的绣娘，约有三分之二专门绣制剧装，剧装是当时刺绣需求量比较大且稳定的产品。

一、剧装苏绣的基础要素

（一）剧装苏绣绷架的主要结构

绷架分为两个部分，分别是绷架和绷凳。绷架可拆分为两根木制绷轴、两根木制绷闩，两根棉质嵌条，四根铁质绷钉。绷轴和绷闩可用榫卯形式架构成矩形木框，一般有大、中、小三个尺寸，用来满足撑平剧装不同部件的绣底大小需求。绷轴一般长于绷闩，在木框上用于纬向卷绣底，两头四方，中间成圆柱形，四方头上各面有一处长条形的镂空，绷钉就在该镂空处插入与绷闩固定；圆柱形上有一条凹槽，用于上绷时塞入嵌条，固定绣底。绷闩在木框上为矩形短边，与经纱平行，上面有两排错开的小孔，用于调节绣底松紧时插绷钉。绷凳为放置绷架所用，绷凳为一对，三足，摆放时双足朝外，一足朝里，两边对称。剧装的刺绣多用此绷架与绷凳结构。搁手板是刺绣时用来搁前臂的板子，一般架放在绷轴上。搁手板宽约6厘米，长度取决于绷面的大小，70厘米左右居多。

另有立架，亦为搁置绷架所用，此绷架可根据刺绣需要将绷架竖放或斜放。立架为三足，前两足向上延伸成梯形，且两足延伸部分有一段对称的圆孔，用于插入木条摆放绷架。

绣制戏衣时，由于戏衣的面料宽幅大，且长度较长，所以一般采用第一种平面放置的绷架，以便两端绷轴卷起多余面料。同时，剧装刺绣的工期一般比较短（下单与交货周期较短），所以采用平放的绷架可以方便从绷轴两端同时进行刺绣，以缩短工期。（图3-17）

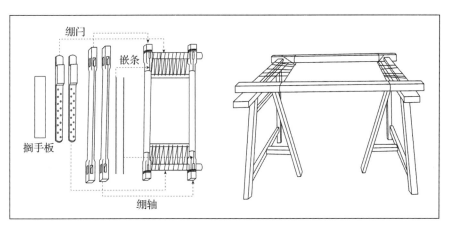

图3-17　绷架的部件和组装示意图和绷架和绷凳的组合使用示意图

（二）绷架的方法

剧装绣面上绷架时,纬纱与绷轴平行,如若面料贵重、纱向易变形或面料过短,则须在上绷轴之前在头尾处拼接一段其他面料,随后将面料首尾拉平用嵌条压到凹槽中固定,首尾在绷轴上的位置必须严格保持平行一致,因绷架绷力较大,刺绣工时较长,若首位绷轴上的面料有位置偏差会将纱向拉斜,即便在裁片上浆的过程中将纱向矫正,所绣的图案也会走样。固定好面料后,将面料如长轴画卷一般平行卷起,留出约40厘米适宜施绣的宽度,随后在绷轴上插入绷闩,固定绷闩时须将面料的经向充分拉紧,但手中也需要留有余力,以免面料因拉扯而破损,在绷闩上插入绷钉时,两根绷闩插入的钉孔应是对称位置,以避免两边受力不均致使纱向变形。

完成木框的构架后,固定绣面侧边(靠近绷闩的两边)。将靠近绷闩两侧的底料边缘用手针交叉钉线,用麻绳或尼龙绳从线的交叉点穿过,施力绕于绷闩上固定,使其纬向拉紧。(图3-18)

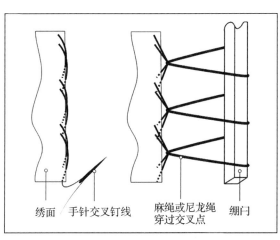

绣面　手针交叉钉线　麻绳或尼龙绳穿过交叉点　绷闩

图3-18　固定绣面侧边的解析图

（三）剧装苏绣中绣线的发展

剧装上运用的刺绣方法根据其绣线不同,可分为线绣与金线绣两大类。线绣又称"洒花"。线绣最初为绒绣,以粗绞股线为绣线,是未经捻紧的原丝炼熟染色制成的。明末清初时期,大部分戏衣以绒绣（绒线洒）为主,操作时,须分丝并条将光后进行刺绣,每缕线都较粗,用其做的绣活针脚也很长且稀疏,绣面比较粗糙。后改用丝线绣,用双股捻紧的合成线丝线做绣线（刺绣的线均为真丝,只是绣线的形态不同）,行内也叫"洋枯线"。另有一种比洋枯线纤细的"雪尖线",专门用来绣制高档产品。至1930年后,逐渐发展到"花线绣",花线绣的绣线是并不捻紧的双股合成线,绣时可将单根丝线劈丝分缕,一根丝线最多可劈成八缕（片）。在剧装的刺绣上,一般最多劈成四缕（片）,即属于高档产品。至1945年前后,绒线绣产品逐渐被淘汰。合作化以后,花线绣（不捻紧的双股合成线）产品所占比例已超过了丝线绣（捻紧的双股合成线）,至1977年传统戏衣恢复生产后,花线绣比重上升到90%。

盘金绣是苏绣的主要技法之一,是条纹绣的一种,其线条依纹样盘附,故称"盘金",广泛地运用于苏州剧装刺绣。金线绣是金线和银线刺绣的统称,金线一般配黄、橘色线施针,而银线配白线,也可与刺绣的线色相呼应。盘金绣分为真金线（以黄金作金箔制成）和假金线（以白银做银箔,用木屑或羊角屑熏黄）,另有一种洋金线（荷兰进口）,用来钉金线所用。1930年,广州生产了一种"药水金",在银底板上涂一层金水,使色彩鲜艳,优于原先的假金线,故用来做中档品。1940年,苏州刺绣行业创制以铝箔为原料的金线,名为纲宗金,其优点是经久不变黑,价格低于原先银底板的假金线。新中国成立后,黄金白银由国家统一管理,除了出口商品可以申请配给黄金以制金线外,其余全部用药水金代替（行内称为光金线）。1970年,南京龙潭金线厂制成涤纶金银线,不论金色、银色,显色度和光泽都优于过去的人造金银线。

盘金时所用的钉金线也有很大的改变,总体可以分为两种。一种是真丝（以土丝生胚染成朱红色）用以钉真金线。另一种名为"洋赤线",以42支双股线染色后上浆制成,用来钉假金线或药水金所绣的中低档产品。1940年后,钉线逐步用花线替代。（表3-1）

表3-1　刺绣原料品种和历年变革情况表

名称	原料品种结构成分	用途	历年使用变更情况				
			1930年前后	1940年前后	1945—1955年	1956—1962年	1977年后
绒	以真丝为原料不捻紧绣时要并缕捎宜	低档品	△	△	△	△	△
洋枯丝	真丝双股并条捻紧绣时不需分	低档品	△	△	△	△	△

名称	原料品种 结构成分	用途	历年使用变更情况				
			1930年 前后	1940年 前后	1945— 1955年	1956— 1962年	1977 年后
人造洋枯线	人丝为原料并条捻紧 绣时不需分	低档品	△	△	△	△	△
雪尖线	真丝双股捻紧 较洋枯丝细	高档货	△	△	△	×	×
人丝雪尖线	人造丝双股捻紧 较洋枯丝细	机绣用线				△	☆
花线（构线）	真丝,并条粗松 绣时分丝劈缕	中高档货		△	☆	☆	☆
单片花线	真丝半片线	机绣高档品				△	☆
真丝	土丝为原料生坯	订金线用	△	△	△	△	×
洋赤线	42支线为原料	订金线用		△	△	△	×
真金线	真黄金为主要原料	高档品	△	△	△	△	×
银线	白银为主要原料	高中档品	△	△	△	△	×
假金线	白银为主要原料	中低档品	△	△	△	△	×
充金线（药水金）	白银为主要原料	中低档品				△	×
铜宗金（铝线）	铝为主要原料	低档品				△	☆
洋赤线（洋金线）	进口（荷兰）	高档品	△	△	△	△	×
涤纶金银线	涤纶为原料	普遍均用					☆

注: 空白格表示当时尚未使用或者此原料尚未生产；☆表示现在正在使用；△表示当时使用过；×表示
已经不用或生产单位已不生产该原料。

二、剧装中主要的苏绣技法

线绣按照针法不同可分为平面绣、条纹绣和点绣。常用的平面绣针法种类丰富，有戗针和套针，戗针可分为正戗与反戗，套针包括平套、集套（旋套）、散套等，这两种为剧装刺绣中最主要的针法。另有掺和针（又称长短针、羼针）以及竹节针等。滚针（混针、绕针）以及接针是剧装中常用的条纹绣。点绣剧装中涉及较少，偶用打籽绣等。由于戏剧服装为舞台表演所用，为了突出舞台效果，刺绣的丝线一般股数相较于绣画、工艺品等粗一些。金线绣在北方又称为"平金绣"，分勾金盘金、积金、叠金等几种，其中叠金绣最具特色，如花脸穿的大龙蟒龙鳞即用叠金绣，凹凸分明，立体感强。（表3-2）

表 3-2　剧装刺绣中的主要针法

类别	名称		主要绣制图案	备注
平面绣	戗针	正戗	植物、鸟兽鱼虫、草龙、江崖海水纹、水脚、边饰	剧装中运用最为广泛
		反戗	蝴蝶、龙鳞、鱼鳞	绣面有凸起感,立体效果好
	套针	平套	花卉、鸟兽	和色自然
		集套	夜明珠、龙凤眼球、圆形花卉	绣制圆形纹样居多
		双套	牡丹花、荷花	适用于大型花卉、配色较多的纹样
		竹节针	水脚	现由平针代替
	掺和针	掺和针	动物软腹、细软毛发、孔雀羽毛、金鱼尾	也称长短针,露针迹
		羼针	动物软腹、细软毛发、孔雀羽毛、金鱼尾	不露针迹
条纹绣	滚针		毛发、叶脉、云烟、衣物褶皱、鸟眼眶	每针线迹短于接针
	接针		龙须、蝴蝶触角、叶脉	线条流畅
	金线绣	勾金	龙凤、植物、动物、几何纹样	适用于大部分线绣的勾边
		积金	大龙纹、草龙纹、回纹、寿字纹、海水纹	多用于蟒、靠款式
		叠金	龙鳞	能绣出层叠的立体感
点绣	打籽绣		花蕊	绣面凸起,有立体感

（一）花线绣主要针法

1. 戗针

戗针,也称"抢针",是我国古老的传统针法之一,其针法是以齐针的方式分层刺绣。一般绣制海水、云纹、花卉、枝叶用正戗(图 3-19)。正戗用短直线,依照纹样的轮廓起针,以线成面,以齐针继前针开始第二批,一批批由外缘向内侧排绣,一层层前后连接而形成绣面,并一批批按颜色深浅换线晕色。每批次首位清晰,层次分明,每层交界落针点相连但不相交,留有缝隙,称为水路。戗针的优势在于绣面成形较快,图案大气舒展,绣面较薄。缺点在于,由于层层分明而欠缺自然,且图案的边缘因施针较为稀疏而稍有露底。但由于针法简单、易上手又出效果,所以目前

图 3-19　正戗花卉效果

仍然运用广泛(图3-20)。

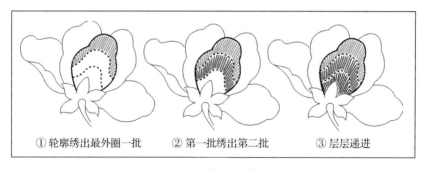

① 轮廓绣出最外圈一批　② 第一批绣出第二批　③ 层层递进

图 3-20　正戗施针步骤图

反戗是明代刺绣最为常见的针法之一。相较于正戗,反戗在剧装上的使用较少。反戗针法较正戗略为复杂,绣面成形慢,出货效率低。但在局部绣制蝴蝶、龙鳞等纹样时仍用反戗,能形成凸起效果,栩栩如生。反戗的绣制顺序为从内向外,在齐针绣出最里边的第一批块面后,从第二批起在第一批的落针处外侧加一根强捻的扣边线,即在第一批两侧线条的末尾横绣一针,在第二批块面的中心点,紧靠扣边线内侧起针,把扣边线拉成"Y"形。随后从中心线向两侧边绣,每批起针必须以空地绣向扣边线,并将线紧扣成弧线。每一批落针的针尖腰线扣边线内钉入,使针迹整齐,批头清晰。(图3-21)

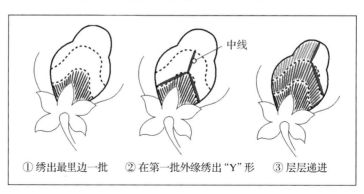

中线

① 绣出最里边一批　② 在第一批外缘绣出"Y"形　③ 层层递进

图 3-21　反戗施针步骤图

2. 套针

套针是苏绣针法特色之一,始于唐代,盛于宋代,至明清时广为流传,在剧装中广泛应用于鸟兽鱼虫、花卉等纹样。根据纹样表现效果的需要,套针可分为平套、集套和散套等。

平套也称"单套",其绣制方法也是一批一批依次由外向内递进。根据纹样的轮廓,第一批外缘落针齐整,绣出纹样流畅的轮廓线;第二批则为"套",以一针隔一针的稀针嵌入第一批线条的中间,与第一批约有四分之三的重叠;第三批与第二批长度相似,一针隔一针嵌入第二批线条中间,且与第一批的尾端相较些许,三批形成一组,以此方式循环绣至纹样尽处。每批次可以根据纹样颜色换色做渐变,套针针脚细密,又层层相套,在绣品

中可以做到和色无痕,绣面平整且饱满;也因其层层相套,故绣面成形进度较慢,出货速度不如戗针。(图3-22、图3-23)

图3-22 平套绣制的花卉

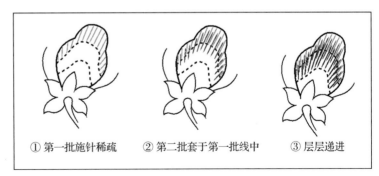

① 第一批施针稀疏　② 第二批套于第一批线中　③ 层层递进

图3-23 平套施针步骤图

双套施针方法与平套类似,但比平套更细密,针脚更短,以四批为一组,依次循环,和色效果更优于平套;其针脚短的优势在于,可以更加柔和地处理纹样的转折变化。(图3-24)

集套是用于绣圆形纹样的套针,绣法与平套相似。集套第一批出边时外缘平整而略稀疏,向内较密,并以圆心为中心成放射状。第二批套针线条要与第一批相交约五分之三,以此类推。因越接近圆心线迹间距越小,所以从第三批起,每隔2~3针绣一针短针藏于中间,往后批次越接近圆心藏针越多,直至绣满时最后一针落于圆心。(图3-25)集套绣制顺序由内至外,一批一批逐次收针,形成规整的放射状。集套针法在剧装上主要用于绣制夜明珠、龙珠、太阳等球形图案,绣面光泽均匀,跟随受光的角度不同而流转。

图3-24 双套绣制的石榴

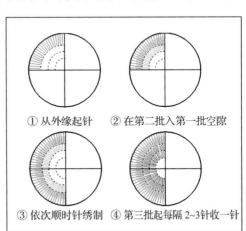

① 从外缘起针　② 在第二批入第一批空隙

③ 依次顺时针绣制　④ 第三批起每隔2~3针收一针

图3-25 集套施针步骤图

3. 擞和针

擞和针是苏绣主要针法之一,也称为"羼针""长短针","羼"意为"掺杂",即由长短针掺杂施针,分批绣制,在剧装上有广泛应用。其施针方法和双套相似,只是每批施针的长短结合具体图案造型灵活使用。第一批用长短线迹参差排列，第二批线条长度均匀，从前针的中间羼出，第三批同样嵌入第二批中间，落针与第一批尾部相交，以此类推。擞和针的特点在于批与批衔接紧密，显露针迹，绣面平薄，线条自由流畅，和色自然，在绣制动物软腹、孔雀羽毛、金鱼尾巴时可达到栩栩如生的效果。（图3-26）

图3-26　擞和针绣制的腹部软毛图

4. 滚针与接针

滚针亦为苏绣传统针法之一，用于绣制细长的线条，以单根线连续衔接的方式形成纹样。引线后绣第一针，针在绣底逆向地从第一针线迹的二分之一处穿出绣面，针脚藏于线下，按图形走向所需绣第二针，每针长度约0.3厘米，依次行针绣出流线，一针紧靠一针。（图3-27）此针法适用于表现动物的毛发、叶脉、云烟、衣物褶皱、鸟眼眶等。滚针在绣制动物毛发时，每条滚针参差错落，使其空开的地方形成负形，可体现毛发的蓬松与生动感。在叶子或花朵绣制成形后，可用其他颜色滚针勾边，使花型更为突出，荷花的叶子经滚针勾出叶脉后更为生动，荷叶造型更显立体。（图3-28）

接针的施针方法类似于滚针。不同之处在于，接针的线迹稍长于滚针，每针线迹的交叠部分仅为接头处，且下一针起针时须穿过上一针的线迹末端，破线而出，依次循环。一般用于蝴蝶触角、龙须及叶脉的表现。

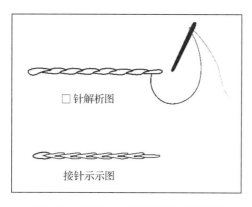

图3-27　滚针(上)、接针(下)步骤解析

图3-28　滚针绣出的荷叶脉络

竹节针、打籽绣等针法同样运用于苏州剧装刺绣，但使用频率较低。打籽绣以点成面，有凸起效果，常用于花蕊的绣制。（图3-29）竹节针为横向线迹，每隔一定距离打一线结，凸起如竹节。先前较多用于水脚、枝干、梗的绣制，竹节绣的针脚在服装折叠保存的时候容易随着服装折痕变弯曲，从而使绣线变松、变形。现在多以平针绣代替。

图 3-29　打籽绣针法绣制的花卉

（二）金线绣主要针法

金线绣的金线均使用双向线桶缠绕,即线桶均匀分为上下两段,绕线方式上下相反,一个为顺时针,一个为逆时针,方便在盘金的时候放线且不易打结。绣娘们使用绣线工具十分细致,线桶这样的工具多为上辈或祖辈使用并流传下来。小小的线桶也见证着苏州剧装刺绣的发展。(图 3-30)

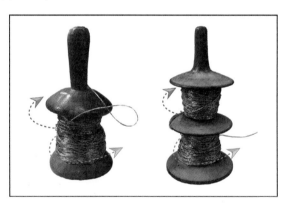

图 3-30　双向卷线桶

1. 勾金

勾金即用金线勾边,绣线分为单金(单根金线)和双金(两根金线并做一股金线),双金的绣制过程比单金稍复杂,剧装上一般以双金为主,使图案和线条更显饱满,在舞台上更为醒目。绣制时,用一个线桶的上下金线同时开工,沿着需要勾金的图案轮廓线和内部结构线依样勾盘,在流线部分,每隔 0.4 厘米用红线固定双金线,在转折和弧线幅度较大的位置,红线固定的阶段距离缩小至 0.2~0.3 厘米。盘金时,如遇到交叉的结构线,可将靠近交叉点的单根金线沿线勾盘至线条结束,再沿该线条盘出,回到原位与另一条金线合并,再继续沿轮廓勾盘。勾金在大多数剧装款式上皆使用,可谓刺绣的"画龙点睛"之笔,

可使剧装刺绣更秀丽。（图3-31、图3-32）

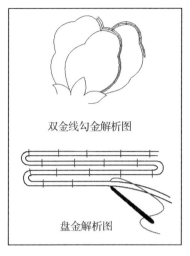

图3-31　勾金(上)与积金(下)解析图　　　图3-32　双线勾金花卉纹样(宫装局部)

2. 积金

积金，也叫"盘金"，基本绣制方式与勾金相同，根据纹样的走势，顺势一根紧贴一根地填满纹样。积金多用于男大靠、男蟒、八卦衣、员外巾等剧种主角所穿戴，一般用积金的纹样有大龙、草龙、凤、水脚、寿子文、回字纹、祥云等。绣制时，一般采用黄色、红色丝线固定金线，而银线一般用白色丝线固定。相同的单位形，譬如龙的鳞片、回字纹的单位形、海水纹(图3-33)的单条水纹等，金线来回盘绕的次数均相等，以保证整体绣面的规整。积金所绣制的服装华丽而威严，有出众的舞台效果。（图3-34）

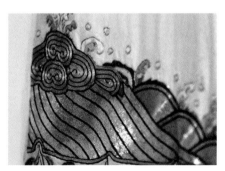

图3-33　积金海水纹　　　　　图3-34　苏州绣娘用积金绣法绣制立水纹

3. 叠金

叠金是在积金的基础上堆积做出层次，一般用于高档货的鱼鳞、龙鳞的表现。绣制前在纹样设计师画好的龙鳞纹的基础上，了解鳞纹的走向趋势，每个鳞片大小一致，金线盘绕的圈数一致。叠金的效果十分立体写实，金线的光泽随着角度的变换呈现出如鳞片一般的光泽。叠金在盘金技艺中属较难的针法，掌握的人也较少。（图3-35）

图 3-35　叠金龙麟片

三、剧装中苏绣的色彩搭配

苏州土地温润,形成了江南水文化的独特气质,在清俊雅致的审美观中,苏绣的用色形成了绮丽典雅、浓淡相宜的风格。剧装涵盖了上五色与下五色的程式性搭配,刺绣在剧装色彩的基础上进行图案的色彩搭配,表现人物的身份地位、性格特点、心理活动,从而进一步烘托整体剧情气氛,装饰意味浓重,可谓是剧装的灵魂所在。

苏州剧装中的苏绣在上百年的传承中,已形成独特的配色规律,使苏绣图案的色彩能满足不同剧种中千变万化的角色需求。其常用的配色可总结为"显五彩"①"素五彩""野五色""全三色""独色""一抹色""文五彩",其中"五彩"中的"五"为概数,一般以 3 种色彩配色为主,另加 2 ~ 3 种小面积的辅助色。对于戏曲人物搭配的特定款式服装的配色,需要配线师对戏曲剧情与人物身份、性格都有较深的了解,并具备色彩搭配的艺术审美眼光。

(一)显五彩

显五彩的色彩搭配最为明亮,纯度最高,常用的有洋红、玫瑰红、火黄、苹果绿、湖绿、湖蓝等色彩,一般用于有身份地位的女性主角,有气质佳、妩媚富贵的特点。宫装是典型的显五彩配色,是妃后、公主、仙子等的常用服装,如《贵妃醉酒》中的宠妃杨玉环,以及《三击掌》中的王宝钏等均穿着显五彩宫装的装束。宫装制作时为力求富丽与明亮,在正红为底色的前提下,凤凰配色丰富,包含显五彩中的多种色彩,形成冷暖色对比,使图案突出,加以火黄、苹果绿、青莲等颜色的搭配,使色彩丰富饱满,艳而不俗。(图 3-36)

---

①　显五彩:"显"为苏州话,意为"艳","显五彩"亦称为"鲜五彩"。

（a）宫装正面图　　　　　　　（b）宫装五彩绣凤凰放大图

图 3-36　鲜五彩绣"凤穿牡丹"宫装

（二）素五彩

素五彩为饱和度较低的色彩,相较于显五彩,颜色更为素雅清淡。素五彩常以低饱和度的水蓝、粉紫、湖蓝等冷色调与不同明度的中性色配合使用。如鹅黄宝相花边学士服（图 3-37）,是文人雅士、未中试的读书人常穿的服装,其以冷色调的青莲色为宝相花颜色,与黄色形成对比色,加饰明度较低的中性色棕色卷草,体现沉稳雅致的风格。穿着它

图 3-37　鹅黄色宝相花边学士服

图 3-38　昆曲《红楼梦》林黛玉
穿素五彩女帔(江苏省昆剧院)

的有《苏小妹》中未婚时的秦少游,《桃花扇》中侯朝宗是明末有名的才子,在未投靠清朝时也穿着学士服。又如《红楼梦》里贾宝玉、薛宝钗和林黛玉三个人物的穿着中,宝玉和宝钗服装的绣线配色为显五彩,主要表现角色身份高贵、性格阳光、内心自信的特征,林黛

玉所穿的帔配色则为素五彩,花的配色为饱和度较低的水蓝色和紫灰色,领子为紫灰色和雪青色,整体肃静文雅的搭配体现其静美以及多愁善感的特点(图3-38)。素五彩在运用于年轻的旦角与小生时,通常考虑人物性格为温文尔雅型的,同时在武生(包括武丑)、老生的服饰中,素五彩运用也很普遍。

(三)野五彩

野五彩指上五色与下五色以外的间色,如粉红、朱红、橘黄、橄榄绿、玫瑰红、玫瑰紫等。野五彩一般配色靓丽鲜艳,戏曲中最具代表性的款式为媒婆所穿的彩旦衣裤,为高饱和度的暖色调,色彩浓重艳丽,红绿搭配形成强烈对比,为戏曲舞台上大俗大雅的典型样式。(图3-39)

(四)全三色

全三色在20世纪30年代前是一种丝线组合的说法,而在剧装上是指色彩搭配方式的效果,即由同一种色彩的高、中、低三种明度的绣线组合而成的绣面。常见的全三色有三蓝、三红、三黄,在刺绣中也称为三蓝绣、三红绣与三黄绣。早期的全三色基本不掺

图3-39 野五彩配色的彩旦衣

杂其他五彩,只用金、银、秋香色等做搭配;至清代晚期,剧装上的全三色习惯与五彩搭配,色彩更为丰富。随着丝质与染整技术的发展,同一种丝线颜色至少可达到五个色阶以上,所以如今保留沿用的"全三色"名称的"三"可解释为概数,意为多色。

全三色在剧装中有着广泛的应用,且以蟒袍居多。其中关羽的绿蟒用三黄绣,黄忠所穿黄蟒为三蓝绣,周瑜的白蟒或粉红蟒皆为三蓝绣。又如《四郎探母》中铁镜公主为救其夫而求见萧太后时的穿着,全身以三蓝绣制团龙纹、立水纹、平水纹、衣襟龙纹和马蹄袖,配以三绿点缀,用色和谐体现出人物的端庄雅致、大方得体(图3-40)。

全三色除了在主角人物的正装中有应用外,袄、裙、裤中也有使用,如《花田八错》中的丫鬟春兰,便是穿着三墨绣黑色牡丹袄裙裤,不同明度的黑灰色仅从色彩明度上做出层次,既低调肃静又得体(图3-41)。

图 3-40　三蓝绣红色女旗蟒袍　　　　　图 3-41　三墨绣黑色牡丹袄裙裤

（五）独色

独色，即仅使用一个颜色，须考虑与剧装底色的搭配关系。独色一般应用于靠腿上的飞尘（装饰飘带）、三尖、靠旗等部位，以及武生的腰箍、飘带等配饰上，以独色刺绣使其醒目。除丝线外，为达到醒目的效果，也会用金线或银线勾金（图 3-42）。

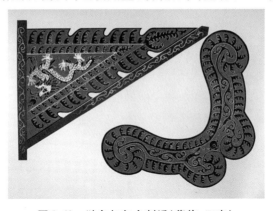

图 3-42　独色加勾金刺绣（靠旗、三尖）

在独色刺绣中，也有全盘金绣、多盘金线，银线少有，一般为有崇高地位的角色所穿着的蟒、靠、铠等款式。如皇家御林军、随驾仪仗队或者统帅的卫士所穿的铠，一般以红色为主，采用全金线绣几何纹样，造型与生活中的胄甲相似。又如《杀四门》中的番将，所穿的改良靠为全平金绣（图 3-43）。

金银色在刺绣中称为无极色，它可以单独使用，也可以与任意色彩的绣线搭配使用，从而增添绣面的光彩，使绣面更加秀丽，起到画龙点睛的作用（图 3-44）。

图3-43　全金线绣红色铠　　　图3-44　全金线绣墨色改良靠

（六）一抹色

一抹色类似于全三色，又与独色相近，它并非指完全相同的一个色系，而是指若干种颜色相近的色彩糅合使用，一抹色远观时为一种色彩，近看可以分辨出多种颜色套系搭配，有时也会用勾金或勾银的方式来加强细节描绘。如皎月色茶花散枝女褶子（图3-45），其通体为青莲色，而花为相近的湖蓝与黄绿色，可外穿，也可衬于女帔内。远看色调一致，近看层次分明，这种配色也称为清一色。

（a）正面　　　　　　　　　（b）茶花放大

图3-45　皎月色茶花散枝女褶子

（七）文五彩

文五彩是随着染整技术的提高，绣线颜色日趋丰富而发展起来的新色彩组合，也称雅五彩。文五彩中包含冷暖色，但纯度相较于显五彩要低，而比素五彩的整体色调更暖。文五彩兴起于 20 世纪 50 年代,到 80 年代时已较普遍运用。《白蛇传》中,小青(青蛇)为白娘子的丫鬟,剧中西湖借伞、红楼成亲、端阳饮酒等桥段小青皆穿文五彩坎肩,文五彩素雅而不失体面,体现小青不一般的丫鬟身份(图 3-46)。青春版《牡丹亭》中柳梦梅的梅花褶子,梅花的配色为红豆沙色,豆沙色偏暖,在不同明度的豆沙色配色下,传达出角色温文尔雅的特征(图 3-47)。

图 3-46　文五彩绣翠绿地牡丹花坎肩

图 3-47　青春版《牡丹亭》柳梦梅
穿豆沙色梅花褶子

　　由于剧装用于舞台表演艺术,所以剧装的图案配色以及针法都需要稍加放大与夸张,在观众离舞台有一定距离时才能够在欣赏戏曲的同时满足视觉审美。因此绣线的劈丝相较于绣工艺品的绣线稍多几丝,针脚也相对略微放大。刺绣的色彩搭配规律虽然有限,但在以上色彩搭配规律中却有不胜枚举的搭配方式,在高饱和度的色彩搭配中,剧装中的苏绣秉持着闹而不喧的特色;低饱和度的色彩搭配更是掌握得游刃有余,能够达到以色传神的佳境。

四、传统刺绣与机绣(手推绣)

　　传统的手工刺绣技艺经过上千年的发展,在实践与传承的过程中已达到纯熟的状态。而机绣是机器大工业的产物,也是一种半机器半手工的加工工艺。因其操作方式为机器的位置不动,以手来回推拉绣底配合机针行针形成图样,所以也叫手推绣。随着工业革命的到来,为提高生产效率以机器代替手工艺的举措越来越普遍。机绣在中国已有五十多年的发展历程,最早出现的机绣是以脚踏式缝纫机(又称小绣机)绣制的(图 3-48),苏州的剧装刺绣在 20 世纪 80 年代开始引进这种机绣方式,随后机器升级为电动马达式的绣花缝纫机。因剧装极少有批量生产,且一般为定位刺绣,对刺绣工艺要求又高,在追求工艺和效率的同时,手推绣成为优选,如今剧装机绣的比例已达整体的40%[①]。同时手推绣亦可以用于手绣的打样,对于配色、造型可以快速成型,能够对手绣的预期效果有准确的判断。

图 3-48　脚踏式机绣缝纫机

(一) 机绣与手绣工作方式的差异性

刺绣通常分为两部分,一是绷片,二是绣制过程。机绣与手绣在这两部分都存在着一定的差异。

在绷绣片的方式上,剧装大多数采用丝质面料,其质地柔软光滑,不易定型。在手绣时,采用卷轴矩形框将其固定,做到横向和纵向拉力平行且均匀,直至整幅绣制完成后才取下绷架,因此可以保证绣面纱向的平直,绣面的平挺。而机绣绣制时可操控的面积较小,所以采用圆形绷子绷绣面,虽绷子的大小可根据花型的尺寸选择,但最长的圆形绷子直径也只在 25～30 厘米,所以在整幅绣制时需要不断调整绷子的位置,且每次调节绷子时需要保证经纬纱的垂直(图 3-49)。

图 3-49　机绣所用的圆绷子

虽然手绣和机绣都使用丝线,但操作过程还是有很多不同。丝线的手绣,为单线通过针脚在布面上来回穿梭,通过不同的针法组合形成图案与色彩;机绣的绣线分为底线和面线,操作时手脚并用,脚下通过踏板控制行针速度,右脚膝盖抵住台面下的手柄控制针脚的摆动幅度,手持绷子来回推拉使机针在绣面上留下线迹,面线与底线相互咬合而形成图案。底线面线咬合的力量不会随着线迹的长短而调节,所以在取下绷子时局部位置的绣花因咬合力度过大而收缩,使留白的部位出现被绣花拉扯的褶皱,整体的平整度与手绣相

---

① 国家级非物质文化遗产代表性传承人李荣森口述,结合笔者调研期间多次不定量统计。

比略有逊色，且绣面会相对较硬。

（二）绣线与针法的差异性

根据剧装不同类型的图案和工艺档次要求，手绣可以因地制宜地将丝线劈成不同粗细的丝缕来表现画面，而机绣只能使用同一种粗度的绣线来绣制同一幅绣片。所以在细节处理上，手绣优胜于机绣，且由于手绣灵活使用粗细丝线，画面的饱满度和层次感更佳。

针法是刺绣的语言，从针法上可以看出刺绣的难度和品质。剧装刺绣上一般单件会涉及多种手绣针法。比如一件花旦女帔的图案内容为假山石，牡丹花（花朵、花苞、叶子），围绕花朵起舞的蝴蝶，以及领子的抽象牡丹与袖口的卷草纹样。通常会以擞和针或散套表现山石的肌理和质感；花朵用戗针或平套晕色铺开，花苞用散套，花蕊用打籽绣塑造立体感，用散套、滚针绣制花枝，根部及其他小花用套针或绕针；蝴蝶翅膀用套针和反戗塑造，触须用滚针，领口和袖口的边饰用戗针和接针。由此可见，一件剧装的绣制可运用到的针法有5~8种，图案选择适宜的针法可以提高绣面的生动性。在机绣中，常用的针法相对有限，仅有套针、戗针、包梗针和短针4种，且针脚的密集度与长短在一定范围内保持一致，变化较少。因此从绣面的生动性上来说，手绣的画面表现力远优于机绣，手绣的色彩过渡更加自然，结合绣线的粗细变化，层次感更显细腻与丰富。机绣的画面表现相对中规中矩，但是在工作效率上远胜于手绣，所以机绣如今在剧装刺绣中也占有稳定的地位，为弥补机绣的不足，常以勾金、勾银与机绣结合来提高画面品质（图3-50）。

图3-50　机绣粉色牡丹花（左）与手绣粉色牡丹花（右）针法与和色对比

第四节　苏州剧装的艺术特征

剧装艺术风格的形成有多方面的原因,制作行业所处的人文地理环境以及剧装制作行业艺人的审美对剧装风格有着主导性作用,同时,剧装与戏剧相伴发展,苏州及周边地区戏剧的风格和戏剧对于剧装的要求也影响着苏州地区剧装风格的形成。

一、人文地理环境对苏州剧装风格的影响

晋代陆机在《吴趋行》中曾描述苏州"山泽多藏育,土风清且嘉",苏州自古以来便是人文荟萃、环境清新的鱼米之乡,素有"状元之乡""园林之城"的美称。北宋时期(1035年),名臣范仲淹在苏州修建文庙及府学,明清极盛时占地约 10 万平方米①。苏州出现了以文徵明、唐寅等为代表的在学术思想和文学艺术上卓有造诣的人物;更有文人宦游或是衣锦返乡、告老隐退者,皆促成了苏州地区的富庶和良好的文艺氛围,他们的美学视角、思维观念,对苏州昆曲艺术创作与昆剧服装发展起到了良好的推动作用,在文化艺术领域形成了高雅风格并取得了相当高的造诣。苏州剧装的发展也承载着苏州的历史文化,具有淡雅含蓄的风格。

(一)苏州剧装淡雅含蓄风格的形成

苏州的剧装风格与昆曲同属江南文化,二者风格的形成可谓相辅相成。苏州剧装的整体风格讲究"意境美",注重体现诗情画意。而昆曲词曲格调高雅、流丽悠远,题材多为才子佳人的情感戏,剧情发展与人物表现往往是含蓄而耐人寻味的,当具有可舞性的剧装与人物表演和唱曲完美结合时,三者便创造了别开生面的意境美。苏州的文人画家参与了大部分的昆曲创作与剧装设计,在其中做出了不可或缺的贡献,使昆曲与剧装的诗画意境得到了高度提炼。他们的风格以吴门画派为代表,强调情感色彩和幽淡的意境,追求平淡自然、恬静平和的格调,在其影响下,剧装的款式、用色、刺绣虽是"点到为止",但剧装在舞台表演时对人物的塑造却"入木三分",达到了以形传神的效果,且重在传神。如《牡丹亭》中杜丽娘一角,其为南安太守杜宝之女,才貌端庄,温柔和顺。一日杜丽娘在花园睡着了,梦中与一名年轻书生相恋,醒后终日寻梦而不得,表现出杜丽娘对于爱情至情至真的执着。杜丽娘梦醒后寻梦的着装以粉色如意领绣花帔衬皎月花褶子,粉色帔为闺中之秀的体现,帔上绣有梅花图案,以梅花代表贞洁与顽强,表现杜丽娘对爱情的执着追

---

①　江苏省文物局. 江苏阅读遗存[M]. 南京:南京出版社,2015:153.

求以及对封建礼教的叛逆,同时梅花是"四君子"之一,亦是文人雅士的气质与审美趣味体现。

(二)苏州剧装的艺术特征表现

剧装生产在新中国成立后的计划经济时期,全国定点企业有苏州、北京、上海三家剧装厂(享受计划原料保障等待遇)[①]。同时其他地区如河南、河北、浙江、广东等省份也有一些剧装的制作单位,但不列入计划,规模较小。由于地域风俗和服务的剧种不同,剧装主要形成了南派与北派的风格特征。北派以京剧服装为主,京剧服装全盘吸收了昆曲以及徽调、汉调的装扮方式,在微观上,京剧服装主要来源于徽班衣箱。南派又可细分为苏派和海派等主要派系,苏派在南派中以历史的悠久与制作水平的领先,主导着南派的主要风格。苏派与海派的差异主要表现在剧装的用色、图案、刺绣等表现手法上。

与北派相比,苏派剧装的图案与布局相对疏松有秩,善于留白,色彩柔和,过渡自然,讲究以少胜多。北派的剧装图案相对面积较大,花型更为饱满,色彩富贵华丽。

形成两派差异的原因有以下三点:

其一,在地理位置方面,南方属水乡,民风温婉细腻,图案的造型与细节处理表现出俊秀之美。而北方有相对粗犷的民风,性情豪迈,不拘小节,所以在图案的应用上相对夸张且厚实。以龙纹在剧装(蟒袍)中的表现为例,北方擅用过肩龙,其体态粗而长,毛发蓬松张开以显龙头威严,爪子有向外的张力,龙身段从肩部一直延伸至后背,主要表现威武霸气之势(图3-51)。苏州剧装中的大龙图案,总体呈现在前身,不延伸到后背,龙身段细而矫健,爪子随龙身而行,龙头窄长,有神采奕奕的俊美之感;其毛发飘逸柔顺,犹如在水中摇曳。在空间构图上,北派龙纹布局密致,大龙四爪位于前胸四角,空隙处填云纹,而苏州剧装对于大龙的布局更为精巧,疏密得当,主次分明,图案基本位于前胸正中,构图的重心主要为龙头部分,加饰云纹后仍留有空白。值得一提的是,苏州剧装的龙纹在空间处理上更有优势,其龙身从头至尾慢慢变细和龙头龙尾的大小关系的处理,体现了近大远小的空间感,使整体剧装的主题图案与层次感更明显。在海水江崖纹的处理上,北方的下摆和袖口海水纹较高,而苏州的剧装对海水纹的面积控制得较为严苛,整体图案更为秀气(图3-52)。

其二,在南北方民风特征的基础上,形成了南方与北方不同的剧种。北方以京剧中的男旦为例,如"程派"创始人程砚秋,身材高大,在出演旦角时,为了体现女性美,面部需要用厚重的妆容与较大的片子来修饰,宽厚的形体则需用明度较低的底色和丰满的花形来修饰,反之,用明度较高的剧装会更加夸大形体,从而形成"程派"饱满大气的风格。以《西厢记》中蔡筱滢与王蓉蓉扮演的崔莺莺为例,蔡筱滢为上海京剧院演员,其饰演的角

① 毛正. 论苏州戏剧服装中的苏绣艺术[D]. 苏州:苏州大学,2008.

图 3-51　北派大龙蟒

北京剧装长制作（来源于《中国京剧服装图谱》）

图 3-52　苏派大龙蟒

苏州剧装厂制作

色有典型的苏沪特征,身着淡雅的白色如意领水蓝色女帔,加以黄色花卉卷草二方连续纹样边饰并勾金,整体形象简约、清新秀气;王蓉蓉是北京京剧院著名演员,身着墨绿色女帔,配以较宽的明黄色如意领,花型错落铺满,整体感觉较为浓重。

其三,源自刺绣针法和喜好的不同。京剧、北昆自古为宫廷戏,有丰厚的人力、财力支持。明朝魏忠贤素爱戏曲,将大量戏服赐予戏班,皇家也一直有将锦缎绣片赐予宫廷戏班的惯例,所以宫廷戏班的剧装呈富丽堂皇的风格,通过上行下效的模仿,北方民间戏班所制作的剧装整体呈现华丽的风格。所以北方在刺绣上擅用勾金与盘金绣法,这种多金多银的华丽风格延传至今,以蟒袍、靠为代表的款式多以全身盘金绣表现纹样。而在丝线绣的运用上,北方用色饱和度高,喜好撞色。江南以昆剧、越剧为代表,属民间戏,得益于精湛的苏绣底蕴,在丝线绣的工艺上,引领着剧装刺绣的发展。苏绣针法细腻,颜色过渡自然,勾金通常点缀龙凤及主要花卉图案,体现出绮丽典雅的风格①。以白色女帔的丝线配色方案为例,苏州以素五彩为主,根据角色需要也会配文五彩,而北方则是显五彩居多。再以老生蟒为例,苏州擅用三蓝线夹黑线绣龙纹和海水纹,再勾金,而北方则是三蓝线绣龙,其余海水江崖纹全部勾金。北方多见开氅以全金绣狮纹与麒麟纹,南方则多以彩线绣勾金,尤擅长处理毛发飘逸卷曲的艺术化造型(图 3-53)。

图 3-53　彩线绣龙纹勾金

苏州剧装戏剧厂

---

① 李顿,张竞琼,李向军. 苏绣中的服饰品绣与画绣主要针法研究[J]. 丝绸,2012(6):50 - 51.

同时运用积金(或积银)绣法的情况下,北方用于固定金线的丝线颜色更为丰富,尤其是积银使用彩色线时,可在绣面产生色彩偏向,譬如用绿色丝线固定银线,整幅积银绣面则呈现稍有绿色倾向的银色。而在苏州剧装的积金、积银的绣法中,一般以固定的颜色搭配金线(红、黄丝线为主)和银线(白色丝线为主)。

宫装是剧装中最为雍容华丽的穿扮之一,苏派与北派对于用色、纹样和刺绣有综合的风格体现。面料配色方面,北派的宫装袖口和下身飘带的面料用色以明黄、朱红、橘红、粉红等暖色调为主,草绿、蓝绿为辅,腰间垂挂的"小叶子"装饰片为明黄,云肩的排须为明黄,整体色调统一且浓度较高,为暖色;苏派的宫装则更善于冷暖色调的调和,相应部位则以黄绿、水绿、水蓝、湖蓝、青莲等冷色调为主,浅粉色、红色暖色调为辅,腰间"小叶片"为红蓝配色,云肩的排须为水蓝色,虽然宫装的大身为正红色,但是七彩袖、飘带、排须的偏冷配色起到了调和作用,使整体的饱和度降低,不会令人感到过于艳丽。纹样和刺绣方面,北派的云肩一周以较宽的盘金绣绣有粗而饱满的如意,云肩上用金线和暖色丝线绣有凤戏牡丹;苏派的云肩一周如意窄而纤长,并用素五彩绣有凤戏牡丹,进一步中和整体色调。北派的上身以金线满地绣如意四方连续纹样,而苏派的上身仅在前胸绣有对称的凤戏牡丹,其余部位留白,注重图案布局的疏密关系。在彩绣和飘带的绣花纹样上,北派宫装运用了莲花勾子边、兰草花边、牡丹勾子边、菊花卷草边等多种二方连续的花边纹样,配色为显五彩,整体风格繁复饱满;苏派宫装则仅用到莲花草花勾子边和草花勾子边,以素五彩配色,纹样小巧精简,整体秀气。整体来看,北派无论在色彩、纹样还是刺绣上,偏好堆砌,剧装洋溢着饱满的热情,透露着北方人的豪迈爽朗;而苏派戏衣,对色彩的把控更加自如和严谨,能够有的放矢地运用图案和布局,其配色、图案都能说明苏派剧装的雅洁含蓄,无形之中也透露着几分书卷气息(图3-54)。

(a)北派宫装(程派)　　　　(b)苏派宫装(20世纪80年代)

图3-54　南北派宫装风格对比图　北京剧装厂制作

除了主要的北派和苏派以外,在创新方面,上海相较于其他地区更为变通,因为海派文化具有包容的思想,不论是从事戏曲事业的人还是戏曲观众,都有接纳新思想的包容性,而北京等地区相较而言,较为固守传统,所以北派的剧装多有大家之风。粤剧流行于广东、广西和我国香港、台湾地区,粤剧服装以浓烈的高饱和度色彩为主,剧装刺绣体现粤绣风格,纹样繁缛,花稿多以剪纸为样,自然工整,构图丰满且装饰意味强,手工刺绣比重较小,偏好用亮片绣代替刺绣,亮片的绚丽色彩与戏衣本身所用高饱和色彩相呼应,更显华丽雍容,体现南国热烈明快的气氛(图3-55)。川剧主要流行于四川、贵州和云南局部地区,剧装纹样构图简练,不强调疏密关系,擅用散点布局。

图 3-55　粤剧粉红色密片海清(褶子)
20 世纪 40 年代

笔者拍摄于香港文化博物馆

此外,北派剧种多为男旦,北派服装不收腰,靠肢体动作来表现女性的柔美,而南方的剧种,受梅派(梅兰芳)的古装衣影响,20 世纪 40 年代起,就由衣箱制逐渐兴起"一戏一服制",在女性角色的服装上用西式裁剪来收腰,体现女性体态。

二、苏州剧装艺术与其他地区剧装的相互影响

随着时代的发展,各地方声腔戏剧文化交流日渐频繁,剧装的形制与风格在保留传统的基础上,也出现了相互借鉴和糅合的现象。如苏州制作的剧装水袖本为内衬水衣的袖子,所用面料为白竹布,露出袖口一尺二寸长,在北派水袖开衩的影响下,苏派的水袖从袖底开衩,在长度上也做了调整,尤其是女用的水袖增加至二尺许,长的达三尺许,水袖的改良大大提高了剧装的可舞性,使抖袖、投袖、挥袖等袖功更显唯美生动。

戏剧起源于民间,我国民间更喜好用富有视觉冲击力的颜色来装点生活,剧装将这一审美特征保留了下来。但随着当今社会事物的不断推陈出新,国际交流越发广泛,人们的思维与意识形态也在转变,部分群体的审美习惯从浓郁热烈转为清新,相对雅致的剧装风格被越来越多的人接受并运用。广州粤剧院 2018 年大型舞台艺术创作粤剧《花笺记》剧装的制作出自苏州,受苏派剧装淡雅柔美风格的影响,改变传统粤剧剧装色彩与图案崇尚高饱和度、花型丰富繁多的特征,使用了白色、鹅黄、水蓝等低饱和色彩搭配,削减了花型层次,刺绣使用丝线绣加勾双银线,用苏绣代替了越剧服装传统高调的亮片绣(图3-56),使整体的风格较传统的粤剧剧装更为清秀,更符合剧中梁亦沧与杨瑶仙才子佳人真挚爱情故事的剧情发展,演出给观众带来了一场流风赋雅的洗礼(图3-57)。

图 3-56　白地红银片霞帔(1950—1970 年)

笔者拍摄于香港文化博物馆

图 3-57　《花笺记》剧照　苏州剧装厂制作

由《花笺记》剧装监制黄丽婷提供

第四章

剧装的制作材料与工序

传统剧装制作分开料、图案设计、刺绣配色、刺绣和成合五道工序,每道工序有对应的专项负责人员以及专门的制作工具。其中,开料师、图案设计师、绣线配色师和绣娘同时要为剧装、戏帽、鞋靴等面料和图案部分做相应工作。戏帽分为盔头和巾帽,两者制作程序差异较大,巾帽制作程序相对较少,可以由一人完成,另有专门的制鞋师傅、做髯口师傅、做珠宝焊接师傅等。

苏州传统剧装艺术

第一节　开料工序

开料即按照剧装的款式选择合适的色彩和面料,根据款式画出相应的版型,开料的师傅需要根据不同的版型进行排料,留出缝份量,合理地争取面料的最大利用率。排好版型后,在领口和袖口处做一个对称折叠三角,作为标识。另外,考虑到手工刺绣需要将面料固定在绷架上,剪下面料时必须保证整体是一个规整的长方形,这样在绷架上才可以做到纱向不倾斜,保证经纬纱的水平与垂直。

一、剧装面料的种类

苏州几大丝织厂面料品种齐全,质量上乘,特别是当时的苏州丝织试样厂,丝绸面料应有尽有,几乎是剧装厂的编外仓库。一般生产戏衣普遍以刺绣加工为主要工艺手段,但苏州在 20 世纪 50 年代还有漳绒龙箭和丝织蟒袍这类产品,可惜这一优势从 90 年代开始随着苏州手工丝绸行业的逐年萎缩而丧失,相当一部分品类的面料需要异地采购,有些品种只能用替代品,质量也不如以前。剧装行业随着织布和染整技术的革新,也在逐步调整面料的使用。主要的使用面料如下:

呢布,是用平布染色拉毛后的复制品,在 1930 年以前常用于制作低档的蟒、靠、大铠等产品,销往偏远地区,抗战时逐渐淘汰。

斜纹布,也是低档产品常用面料,主要用于龙套、马褂、蟒、靠等产品,后逐渐被洋缎代替。

洋缎,"洋缎"是剧装业取的名字,过去棉布业称为"光斜",实质为斜纹布再经过一道上蜡或轧光的工序,1930 年后替代斜纹布以制作低档产品,抗战胜利后逐渐被淘汰,但仍用于各种缎子戏衣的里料,至 1960 年后因棉布停产而停用。

大缎,也称素缎,剧装业称为"硬缎""缎子",北方称为"大缎",后为方便北方客户来苏制作戏衣有共同称谓,统一叫作"大缎"。大缎在苏州的产地有两处,一处是苏州的丝织行(依靠从唯亭外发加工),另一处是香山(现为胥口乡)。旧时香山一带家家养蚕,有些养蚕户自己缫丝,自己用木机织缎售卖,他们所织的大缎因来自香山,所以行业中称为"香山缎"。旧时大缎按照每一市尺的重量区分为三个等级,最高档的为"八钱缎"(八钱为 25 克),中档为"七钱缎"(七钱为 21 克),最低档的为"五钱缎"(五钱为 15 克),苏州丝织行只产八钱缎,七钱缎和五钱缎为香山所产。另外,苏州丝织行还生产一种纱织密度更高的大缎,分量重、门幅宽,称为"贡缎"。合作化高潮后,香山农村的手工木织机全部被取消,政府禁止自缫自织,香山缎从此绝迹。

软缎,全名为交织软缎,经纱真丝与纬纱合成丝交织而成。1935 年起,剧装陆续采用软缎。根据单位面积分量的轻重、经纬疏密分为几个等级,行业中称质量好的为"双丝软缎",质量差的为"单丝软缎"。合作化高潮前,软缎是制作女士戏衣的最常用面料,现在已被绉缎、双绉所代替。

中华缎,是丝织行针对日本人造丝大量涌入中国市场所生产的一种用面纱做纬纱的缎子的称呼。起初剧装业用以制作低端产品,后因中华缎进一步提高经纬纱密度,且增加了一种丝光蜡线做纬纱,质量超过香山五钱缎,便用来制作蟒、靠、褶子、箭衣和龙套等,合作化后逐渐被淘汰。

云锦绉和线春,使用真丝织出四方连续纹样的提花绸,其中云锦绉的质量较低,线春是以丝拈成线后再织的,质量佳。从前常用于私房货的各种裙子、男女汗巾以及花素彩裤。20 世纪 70 年代后,丝织行逐渐停产这项产品,现用花纹绸、绢丝纺代替。

茧绸,是一种用茧壳粗纺后的织物,早期常用作老旦衣、尼姑衣等素活儿,从 20 世纪 80 年代后茧绸逐渐不再生产,用绵绸代替,更多的用作舞台幕布。

麻布,最早用作里子,是蟒和官衣的唯一里料,在衣料不充分的时期,也用来做男女对帔、八卦衣等。现在里子布多用软缎,档次较低的用软缎拼棉布。

洋纺,是一种极薄的真丝绸。在合作化以前用作各种私房女款剧装里子,后也用绢丝纺、无光纺替代。

绉缎,是 20 世纪 40 年代的产物,1950 年后逐渐用作剧装面料,现已成为女款剧装的主要面料。双绉的使用晚于绉缎,与绉缎的用途相仿,总消耗也小于绉缎。

乔其纱,亦为 20 世纪 40 年代的产物,最早为真丝,后有混纺,其使用量仅为绉缎的10% 左右。

另有一些织锦面料在剧装高档货中使用,如漳绒,原产地为福建漳州,其原料为染色桑蚕丝,明清时期,漳绒制造手法流入南京、杭州、苏州,漳绒在剧装上多用于开氅、插摆的制作。云锦,分为库缎、库锦和妆花缎三个品类,明清时期,宫廷在南京、苏州、杭州设立织造局,云锦是专门提供于宫廷做日常袍服和宫廷戏班服装的贡品之一,其产品包括织金蟒袍、织金箭衣、织金采莲袄子、织金开氅等。缂丝,是"通经断纬"的手工丝织品,在苏州有着悠久的发展历史,多用于蟒、箭衣、袄、裙等的制作,是剧装制作中的珍品。(表 4-1)

表 4-1　剧装常用面料

名称	质地	用途	备注
绉缎	真丝	戏衣、水袖、戏帽、戏靴的面料	
软缎	真丝/混纺	滚条、坎肩、箭衣,靠里子	一般刮浆后使用,现多以绉缎、双绉代替使用
大缎	真丝	靠、莽、箭衣	多用于硬挺的款式
花软缎	真丝	戏衣镶边、滚边	
织锦缎	真丝	戏衣镶边、滚边	
双绉	真丝	飞裙、戏衣面料	
乔其纱	真丝/混纺	戏衣里料	
丝绒	真丝/混纺	戏衣、戏靴、戏帽;幕布	
麻绒	麻	幕布	
平绒	棉	戏靴、戏帽;幕布	
灯芯绒	棉	戏靴、戏帽;幕布	现代面料,基本不用于戏衣
花文绸	真丝	戏衣	现用花绉缎
斜纹绸	真丝	戏衣里料	
绢丝纺	真丝	戏衣里料	
无光纺	真丝	戏衣里料、水袖料	以前做水袖,现在水袖用杭纺代替
彩旗纺	真丝	戏衣里料	
杭纺	真丝	戏衣裤料、水袖料	有时做旗子
夫春纺	真丝	戏衣里料、幕布	
绵绸	真丝	影视服装、戏衣	一般用于平民戏衣
古香缎	真丝	戏衣镶边	
特丽纶	化纤	里子	
尼龙纱	化纤	幕布	
漂布	棉	里料	
夫绸	棉	里料	也称府绸
色平布	棉	麻布	
电力纺	真丝	里布	
洋纺	真丝	里布	重量在 20 克/平方米以下的轻磅电力纺,呈半透明
帆布	棉	盔甲、鞋靴	
留香绉	真丝	旗袍、戏衣	贵重角色使用

名称	质地	用途	备注
双宫绸	真丝	戏衣、影视服装	用于贫苦角色
雪纱	化纤	舞蹈服装	戏衣不用
真丝绡（欧根纱）	真丝	戏衣外层装饰	做在戏衣最外层，使其有层次感，一般用于主角
中华缎	混纺	蟒、靠、褶子、箭衣、龙套	合作化以后被淘汰
线春	真丝	裙子、男女汗巾以及花素彩裤	20世纪70年代后被花纹绸、绢丝纺代替
麻布	麻	里料、对帔	早期使用，现已淘汰
漳绒	真丝	开氅、插摆	用于高档货
云锦	真丝	金蟒袍、织金箭衣、织金采莲袄子、织金开氅	用于高档货主体面料或镶边
缂丝	真丝	蟒、箭衣、袄、裙	用于高档货

二、纱向的使用

纱向的正确与合理使用会对服装最终的成型起到重要作用，领子的造型、褶皱与波浪的垂顺都取决于纱向是否合理使用。

通常来讲，衣身面料经纱垂直，袖子经纱水平，可以有效防止袖片在制作和穿着过程中产生拉伸或变形。腰封腰带经纱保持水平，滚边与镶边用45°斜纱，各类飘带用直纱。领子的纱向需要各有不同，分别根据不同的领型来定，譬如褶子的领子纱向与领子直线部分保持一致，在面料稍微不足的情况下，可以通过熨斗归拔来延展领子的弧度；如意领子的纱向与如意头保持一致，如意头结构复杂，转折面与弧线较多，尽量使用直纱可以减少制作时边缘被拉伸而变形的问题。双大襟领子（交叉领）在后中位置纱向保持水平，水袖经纱与手臂平行，里料一般与外料的纱向相同。

三、配料与效果图

配料是由开料师根据款式效果图与款式细节图的信息，按纱向裁剪相应面积的面料。由于面料在制作前须进行图案设计和刺绣，面料刺绣时须绷布，所以配料只是用划粉将大致的版型定位，但并不裁开。

最早的剧装制作没有效果图和款式细节图之分，不仅是苏州剧装制作如此，北京剧装厂也是一样。严格来讲，没有图纸，只有表明款式品名的制作卡，如大龙蟒、女帔，因为传统的戏衣款式从配料到成合都有默认统一的形制，配料师只需根据色卡比选择准确的面料颜色，配比款式默认所需的面料数量即可。

而后影视服装开始发展,从制作"87版"《红楼梦》起,产生了款式细节图的雏形。《红楼梦》剧装的制作历时2~3年,其中服装的返工率占到总数的80%左右,其中一部分原因是设计团队与红学专家的意见不一致,另一部分原因是制作图的表达不够完善。后期做张纪中导演的《笑傲江湖》以及后来的《水浒传》影视服装,效果图和制作图细节逐步完善。到了后期,制作图逐渐成熟,其中包括效果图、款式图和面料小样。款式图为拆分效果图的平面展开图,包括上下装、里外装以及腰封等配饰,款式图上有具体的尺寸体现,标注卷边、钉珠等工艺,同时体现图案位置和花型,并标注图案的刺绣方式。将款式图上不同用料用数字编号,数字对应款式图下方配套使用的面料小样,面料小样同时体现配色方案(图4-1)。往后配料时均参考设计图和配料色卡,以更准确地达到制作要求。

图4-1　效果图中含有配料小样、款式图与尺寸信息

配料师通常有良好的制版基础,并且能够掌握各种服装款式所需的面料数量,通过效果图精确的描述款式的里外搭配和基本数据来配料,可避免面料的浪费或短缺。

四、简化字的使用

在开料时,通常会在面料的边缘用划粉标注面料对应的具体款式名称。其中有一些笔画较多的字在苏州剧装行业中形成了用相近简体字或谐音字替代的习惯,例如"蟒"字写成"歪"字,腰箍的"箍"用"古"代替,"裤"写为"袄"字,箭衣的"箭"写为"尖","帔"写为"披","靠"写为"佶","旗"写为"旂","镶边"写为"相边"等。一方面是因为划粉写字笔画较粗,无法写清较复杂的文字;另一方面,长期以来从事剧装制作行业的师傅文化水平有限,习惯用一些较为简单的文字作为代号。长久的习惯使代替字成了剧装制作行业内的通用语。

第二节　图案设计工序与纸样

在民国时,还不存在剧装设计,也没有图案设计,当时的名角会请画家画工笔花鸟画,拿到剧装厂做版打样。

图案设计即剧装图案设计与绘制,最早行业内称为"画白粉",也称为"白描"。画白粉的作坊叫"白粉作"或 绘画作,苏州的绘画作多集中在西中市和东中市及阊门西街一带,与桃花坞木刻年画形成产业链。在 20 世纪 40 年代末以前,苏州地区的剧装图案均徒手绘制,一般由师傅绘制,徒弟做"描活儿"。一般的对称图案,只需要师傅画一半,另一半将面料按对称线对折,对折后卷起来用竹板敲打,使白粉印到对称线另一边,印染的白粉不够牢固,仍需要用白粉描一遍,这个活儿通常由徒弟来完成。所有关于刺绣的活儿,都需要画白粉这道工序,由于剧装产品丰富,远大于当时的绣花被面、绣花鞋等,所以这道工序大多数服务于剧装图案。

40 年代后,徒手绘制开始有了改变,出现了"木板印"。在桃花坞木刻年画的影响下,绘画作陆续开始用木板刻画剧装图案,也就是用木板雕刻图案,在图案上刷上白粉,将木板图案对准剧装板型,直接印到相应位置。原先熟练工绘制一件剧装至少需要半天时间,这一改变,大大提高了剧装图案的绘制效率,将绘制过程控制在一个小时内。但是木板印仍然存在缺陷:其一,图案的开张(尺寸)受到限制,由于木板的尺寸有一定范围,领子、花边和其他小图案较方便操作,但是蟒和靠之类的大图案,木板的尺寸无法满足,有时大尺寸的图案需要用三块木板拼合完成;其二,木板体积大,而剧装款式多,图案丰富,仅一套戏衣的图案就需要很多木板才能完成,导致木板数量很多,有着存放及保存的问题。

木板印的剧装图案绘制方法逐步流行后,戏衣作坊按照所需要的剧装图案请木刻师傅制作木板模子,从而节省大量的时间成本以及请绘画作绘制图案的成本。久而久之,绘画作的生意逐渐冷清下来,尤其是民国时期的开春(三四月份)时节,是戏衣定制的高峰时期,绘画作生意依旧不见起色,绘画作究其根底,发现了戏衣作的这一举动。例如,当年的李鸿昌戏衣作曾自制图案模子并借予同行使用,引起戏衣作与绘画作的纠纷。遂请同业公会①主持公道,同业公会有权维持该行业的良性发展。最后公断结果为:戏衣作坊可

---

① 同业公会又称"行业公会"。从事某一自由职业的人的内部组织。同业公会的组织受两个原则支配:(1)全体性原则,同业公会的成员包括该行业的全体人员在内,没有例外。(2)强迫性原则,从事某一行业的人,必须加入该行业的公会,否则不能开展业务。民国时期,从事手工艺制造业的称为同业公会,从事经济业的称为同业商会。

以用自制木板印制剧装图案,但不得外借,如若发现外借则须赔偿绘画作相应的损失。绘画作方面,区分开手绘与印制的收费,印制的剧装图案只可收取手绘费用的60%左右,并且印制需要限定更短时间内完成。

了断上述公案后半年左右,正值二战结束,硫酸纸通过进口方式流通到市场。硫酸纸有"防油不防水"的特殊性质,而绘制剧装图案所用的"白粉"正是用煤油作为稀释剂,可以有效地反复使用硫酸纸;加之纸体本身呈半透明,拓样时可以便捷地校准图案位置。硫酸纸的刺样则是使用绣花针,按照图案的线条一针针刺,刺样后将带有小孔的硫酸纸覆于剧装裁片之上,刷上白粉,白粉透过小孔印到面料上,形成点状图案。

从纯手绘到木板印,再到硫酸纸刷印,实际上只经历了短短几年时间,但最后的硫酸纸刷印一直沿用至今,如今只是将绣花针扎样改为了电笔刺样,加快了刺样速度。

一、常用工具与材料

图案设计是把控剧装图案造型的关键工序,虽名称上叫作设计,但其中包含的工序与细节十分烦琐,大致分为三个步骤,分别为图案的设计、刺样与印花。此三道工序用到的工具有硫酸纸、牛皮纸、直尺、划粉、铅皮、橡皮、马克笔、刺样机、勾线笔,材料有钛白粉(也称立德粉或锌钡白①)、靛蓝粉、火油(洋油或煤油)、墨汁、水(图4-2)。其中,根据老剧装上残留的刷样痕迹判断,靛蓝粉出现在"文革"后,"文革"前的深色染料为炭黑。工具与材料见表4-2。

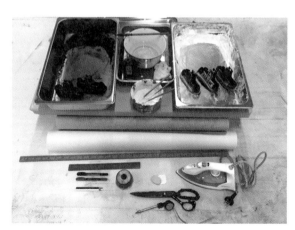

图4-2 图案设计所用的主要工具与材料

---

① 锌钡白,又名立德粉(Lithopone),白色粉末,相对密度4.136~4.39克/毫升,不溶于水,是硫化锌和硫酸钡的混合物,无机白色颜料,广泛用于聚烯烃、乙烯基树脂、ABS树脂、聚苯乙烯、聚碳酸酯、尼龙和聚甲醛等塑料及油漆、油墨。在聚氨酯和氨基树脂中效果较差,在氟塑料中则不太适用。还用于橡胶制品、造纸、漆布、油布、皮革、水彩颜料、纸张、搪瓷等的着色。

表 4-2 常用工具与材料的用途

名称	用途	备注
硫酸纸	用于拓样的纸样	1. 硫酸纸半透明,拓样时便于校准位置 2. 硫酸纸"防油不防水",而绘制剧装图案所用的"白粉"正是用煤油作为稀释剂,可以有效地反复使用硫酸纸
牛皮纸	打草稿、拓印试样	1. 牛皮纸开张较大,便于草稿绘制 2. 硫酸纸刺样完成后,需将完成的刺样稿试拓样,以检验样稿图案的流畅与清晰
直尺	丈量、画辅助线	
划粉	做标记	面料上用划粉做标记便于修改
铅笔、马克笔橡皮	牛皮纸画草稿,硫酸纸画正稿	马克笔多用于修正和强调
刺样机(刺样笔)	把硫酸纸上的正稿扎孔	1. 刺样机的机针沿硫酸纸上的正稿线迹扎孔,拓样时,颜料从孔渗透到面料上形成图案 2. 每寸 19~20 针
勾线笔	面料上画图案	1. 一些熟练的图案师傅用勾线笔直接在面料上画图案 2. 拓样后,用于勾勒没有拓清楚的图案部分
钛白粉(立德粉、锌钡白)	拓版(刷样)时所用颜料	1. 用于深色面料的拓版 2. 白粉一次熬制的量供一年使用
靛蓝粉	拓版(刷样)时所用颜料	1. 用于浅色面料的拓版 2. "文革"后用靛蓝作为深色染料(以前用炭黑)
火油(洋油、煤油)	钛白粉、靛蓝粉的溶剂	火油具有挥发性,作为溶剂调和钛白粉和靛蓝粉,不会污染面料
墨汁	画稿、勾线	画正稿、修正稿子

二、纸样概述

经年累月,苏州剧装戏具厂设计室现存的传统图案纸样有上千套,笔者在纹样库统计到的数量中,帔图案纸样有 117 卷(一卷为一件剧装的完整纹样套系),包括:对帔 25 卷;女蟒 20 卷,男蟒 23 卷;女大靠 13 卷,女改良靠 24 卷;男大靠 60 卷,男改良靠 26 卷;花边青衣 31 卷;小生褶子 87 套,女褶子的纹样多从女帔和花边青衣中借取;鞋纹样 30 张;其他服装如兵衣、袄、袍等林林总总近千卷。另有单独纹样的纸样,如蝴蝶 65 张、飞禽 18 张、龙纹上百张。目前图案设计室能找到的最老的样稿为 1979 年所绘制,由于"文革"时期传统戏剧遭到打压,在这之前的所有纸样均被烧毁,没有能够保留下来。直至"文革"结束,慢慢有剧团定做剧装,当年的图案师将"文革"期间私藏的一些纹样,以及 12 岁开始学艺留存的习作贡献出来,才重新开始做纹样的积累(图4-3)。

(a)样稿上的信息(79.12.9)　　(b)团龙硫酸纸样稿　　(c)样稿拓印的团龙纹样

图4-3　1979年12月9日的样稿

三、纸样的使用和保存

纸样能否有效保存和循环利用在于平时整理与保护得是否妥当。纸样使用以后需要及时擦拭表面的白粉。在使用一个阶段以后,需要对纸样进行系统整理,不平整的用熨斗低温熨平,纸样的叠放顺序为一正一反,即正面与正面相对,反面与反面相对,此叠放方式可以防止白粉染到纸样反面。

设计室有纸样库,会对所有的戏衣款式和配套的纹样进行专门的归档整理和保存。通常一套款式的一套纹样为一卷,用牛皮纸包裹,卷成桶状,面上标注款式和纹样主题。纸样架上贴有标签,按款式分门别类地保存。这种井然有序的传统归置方法也使纸样能够一直沿用下来(图4-4)。

图4-4　苏州剧装厂的纸样库(部分)

四、图案设计的主要流程

戏衣图案的设计是整个生产过程的首道工序,往后的刺绣、成合都在此基础之上进行,图案设计的质量在很大程度上决定了最后戏衣成品的质量,由此需要设计人员有较高的审美和艺术素养。非遗代表性传承人翁维认为:要做优秀的图案设计人员,一方面要对图案有充分的理解,灵活布局图案;另一方面,更应该加强与剧装设计师沟通,了解故事情节与角色性格,理解设计师的设计理念。明确图案的设计是为下道刺绣工序服务的,所以设计人员不仅需要精通图案,也需要了解刺绣工艺、成合工序以及裁剪方法,以确保依设计的图案顺利刺绣,并保证成品图案位置的适中与完整性。图案设计不仅仅要求图案本身好看,更重要的是服务于角色,使穿着者更有角色性。[①]

图案设计的主要流程分为三步,图案绘制、刺样以及刷样。图案绘制须了解角色的特质(身份、地位、个性等),刺样是为刷样做铺垫,刷样需要熟悉掌握款式的穿着效果,以准确找到图案位置。

(一) 图案绘制

由开料车间开好料送来设计室后,设计人员拿到面料、服装效果图和款式细节图。首先仔细阅读款式细节图,明确需要绣画的位置和图案布局要求,根据款式图将需要刺绣的面料单独整理出来,再阅读效果图,了解效果图人物的性别、年龄和身份等主要元素,此时如果甲方剧装的设计师在,则与设计师进行关于故事剧情和人物性格的沟通,从而逐步明确纹样形式和布局方式。

如果戏衣图案要求为传统风格,设计师可以从图案纸样库里寻找对应款式的纹样,根据需要来设计布局,如果甲方剧装设计师对图案有特殊要求,则根据设计思路重新起草纹样。每个地区、每个剧团来到剧装厂定做戏衣,都要求有他们自己特定的风格和特色,纹样也需要根据不同风格来调整。设计的宗旨是:在不损害传统的基础上,做改良和创新。

图案整体的形和走势比具体的图案内容更重要,在舞台演绎的时候,观众往往与演员有一段距离,能给观众带来直接感受的是戏衣与图案的色彩以及图案的形态。

有构想后,在硫酸纸上用划粉布画出图案的大致形态,为了方便与甲方设计师沟通,达成统一意见,用马克笔把图案细节化。如果是对称图案,在硫酸纸上绘制时只需画出一半图案,然后沿对称线翻折,利用硫酸纸的透明度描出另一半线稿。如果是大型图案无法用硫酸纸完成,则在面料上直接用白粉(勾线的白粉不含蜡和油漆,方便出错时擦拭调整,含蜡与油漆的稳定性太强,不容易擦除)画出一半图案,沿对称线翻折使图案面相对,用力拍打面料背面使白粉附着到对称线另一边面料,印出对称图案(图4-5)。

---

① 江苏省非物质文化遗产代表性传承人、苏州剧装戏具厂图案设计室主任翁维口述,笔者记录整理。

图 4-5　李荣森与徒弟翁维共同创作剧装图案

（二）刺样

早期的刺样是纯手工刺样,用绣花针一针一针地刺。现在苏州剧装厂的刺样机(也称"刺样笔")是定做的,分快慢两个挡,其中每挡又可以有五挡快慢速度调节,在刺样时可以根据图案的密集程度和难易程度选择合适的挡位。刺样机整体材料为铜,针头是针灸所用的细针,可以替换。启动时,针头沿上下方向匀速运动,垂直握笔抵住硫酸纸描画稿的线迹即可刺样。其中,描线迹的速度与刺样机的挡位需有一定配合,描线太快会使刺样不到位,即每针的孔距过大,导致图案不完整;描线太慢又会使每针的孔距过近甚至重叠,导致纸样破损。一般孔距在 0.15 厘米左右为适中(每 3.33 厘米 19~20 针)。在刺样机工作过程中,机器中间的马达会震动,需要一定的力度握紧机器,防止在刺样时机器抖动致使线条不流畅(图 4-6)。

（a）电动刺样笔

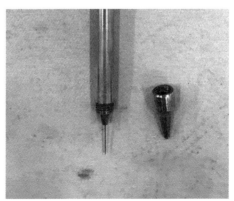

（b）刺样笔笔帽与刺针

图 4-6　刺样机(笔)与刺针实物图

（三）刷样

刷样前，将面料平铺开，整理经纬纱的纱向，保证横平竖直，如果面料有褶皱，则用熨斗整烫。开料时通常会标注版型的领口、中线、袖口、下摆等位置，以便刷样时做布局参考。由于戏服多为真丝面料，正面丝光明显，在舞台上演绎时，经舞美灯光照射会使戏服反光严重甚至产生色彩变化，所以通常默认把戏衣面料的反面当作正面使用。

整理好面料后，将图案摆放于适合位置，一手按住纸样一边，对角线处用镇纸压住，用刷子蘸少许火油后蘸取白粉，从按住的部位出发，单向地反复刷纸样。如果是新刺纸样初次使用，在刷粉之前先蘸取火油刷一遍纸样，起到保护作用。刷好后，手扔按住纸样，掀起纸样检查是否刷粉完整，如刷样完整则完成刷样，若不完整，则在没刷完整的局部重复以上步骤（图4-7），也可以用勾线笔蘸取白粉将未印刷完整的线描部分进行勾线，行内俗称"画白粉"（图4-8）。勾线所用的白粉与刷样的不同，勾线用的白粉水分更多，更稀释，并且不加蜡，色牢度不太稳固。如果是浅色面料，则用墨汁来勾线。刷样通常要保证一次成型到位，因为反复刷会使图案变模糊，影响刺绣，并且刺绣也难以保证把白粉全部盖住。

图4-7　刷样后检查图案的完整性　　　　图4-8　未刷到位的部分手工勾线补足

一般对称的图案有三种方法来刷样，较为严谨的方法是绘制对称图案，分别刺样和刷样。如果只有一个刺样，则可以将面料对折刷样，一次刷两层，此时需要多刷几遍，以保证下层完全刷上颜色；也可以将纸样正反用，在用纸样反面刷的时候，正面光滑面朝下，没有反面毛糙的附着力，纸样容易移动，所以要用镇纸压住纸样。这两种方法通常用于改良纹样，纹样重复使用率不高的情况下用这种方法可以提高工作效率。

除了上面分为三个步骤来完成图样之外，在遇到大开张的画面时，不方便用刺样机刺样，会由设计师直接在面料上用白粉勾线，这也是剧装图案最传统的操作方法。在面料上直接勾线的白粉成分中不含蜡和油漆，以保证在勾线出错时方便擦拭调整。直接在面料上勾线非常考验设计师的基本功底，对线条流畅性和布局的把握非常关键。

完成图案的刷样后，面料按照一套系叠好打包，等待安排绣线配色（图4-9）。

图 4-9　刷样完成后按套系打包

　　图案布局需要考虑个别面料的伸缩性,通常面料在出面料厂时有定型工序,但是有一些需要特定染色的,染色后,丝绸面料通常会缩水(表4-3),小批量的染布无法在染完后重复定型工序,所以在手工刺绣绷到绷架上时,面料会被拉长 6.5～10 厘米,实际上这个被拉长的长度是面料染色前的长度。如果是适合纹样则影响较小,如果是团花款式就会受到明显的影响,团花的位置会整体下移,并且团花与团花之间的位置也会拉大(图4-10),此时,需要设计师根据经验判断面料是否属于有可能被拉伸的情况,通过预判被拉伸的长度,在图案布局时提前做好工作以避免拉伸后图案移位。

表 4-3　丝绸面料一般缩水率

名称	缩水率
真丝纺类(真丝电力纺)	3%～6%
真丝绡类(欧根纱)	3%～5%
真丝乔琪类(真丝乔其纱)	13%～15%
真丝双绉(01,02,03 双绉)	9%～12%
真丝重绉类(23 重绉)	9%～13%
真丝顺纡绉类(顺纡乔其)	18%～23%
真丝缎类(真丝素绉缎)	4%～6%
真丝斜纹(真丝斜纹丝绸)	4%～6%
真丝塔夫类(真丝平纹类)	1%～2%

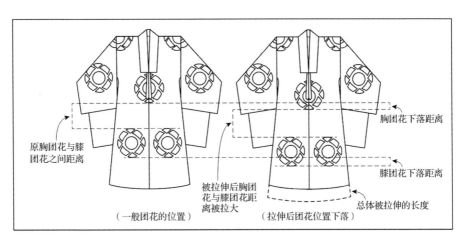

原胸团花与膝团花之间距离

（一般团花的位置）

被拉伸后胸团花与膝团花距离被拉大

胸团花下落距离

膝团花下落距离

总体被拉伸的长度

（拉伸后团花位置下落）

图 4-10　面料被拉长后图案位置变化对比图

　　图案完成以后可以将面料附到身上感受一下图案的位置，检验布局是否合理。确认无误后平放晾干，等火油稍微蒸发后将面料卷起来叠放。如果是纱质的面料，须等到完全干透才可以叠起来，以免白粉渗透面料使图案模糊。

　　剧装上，关键部位的里子图案也不容忽视。戏曲舞台表演时，有时演员舞蹈动作夸张，在做"踢""转"等大幅度动作时会露出里衬，如男大靠的靠腿的里衬、大袖的两翼里衬、女大靠的裙片等。为了细节的美观与整体的体现，通常会在表演时可能翻出的里衬上绣上花纹，花纹的内容一般与面子同系列，配色也相同，但复杂程度稍有删减。

第三节　成合工序

　　成合是剧装制作的最后一道工序，在成合前，须将裁片上的图案做好刺绣。不同的师傅有不一样的款式成合方法。

一、常用工具与材料

　　成合也分为多个步骤，一般有绷片、刮浆、烫衬、滚边、包边、盘扣制作、组装缝合等主要步骤。其中涉及较多的工具，常用的机器有绗缝机、锁边机、蒸汽熨斗等，做标记的工具有划粉、划粉包、记号笔等，丈量工具有一尺竹尺、米尺、皮尺等，根据不同的长度和形状选择不同尺寸的尺子。

　　成合常用的材料主要有糯糊、粘合衬、棉布、绉缎等各种丝质面料。成合所用的糯糊是冲浆，由成合的师傅自行制作，有别于盔帽所使用的烧浆。糯糊在成合过程中起到塑形以增加面料硬挺度的作用,也用于组装时的初步固定。

(一)成合使用的糨糊制作方法

成合所用的糨糊由冲浆法制成。糨糊的原料有面粉、明矾、水,工具需要烧水壶、水桶、木棍。其中面粉为主要原料,一次冲浆大概需要 1 千克面粉,并且要选取质量上乘的面粉,质地柔软干爽,粉末细腻为佳,发霉、发黄、发黑、结块的面粉都不可用,否则用到戏衣上会泛黄色。1 千克面粉配约 50 克明矾,明矾能使糨糊保质,否则戏衣用一段时间后也会泛黄。

先将面粉和明矾放于桶中,一边倒 30℃~40℃ 的温水,一边用木棍搅拌,搅拌到没有颗粒为止,同时烧水壶烧开足量的水。温水的具体温度取决于做糨糊的季节,夏天温水的温度可稍低(30℃左右),冬天则稍偏高。

冲浆的水为 100℃,须缓缓冲入桶中,同时用木棍慢慢搅拌,搅拌时应由表面至底部搅拌全面,可以看到糨糊由白色乳状慢慢变成半透明胶体,完成后呈"半生半熟"状态的黏度最好,此时面粉的熟度大概为 70%。

(二)成合卷边所用的卷边器

卷边器为铜片所制,在衣片需要卷边的时候用卷边器辅助,可以大大加快卷边的效率,有效减少斜纱边卷边变形的情况。使用时,卷边器用螺丝固定于缝纫机台面上,将面料从螺旋口的长口处平铺塞入,面料从螺旋口出去的时候卷曲,随后经明线绗缝固定(图 4-11)。

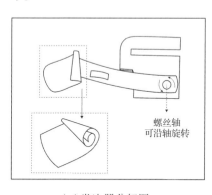

(a)卷边器分解图　　　　　　　　(b)使用卷边器卷边操作图

图 4-11　卷边器的使用

二、绷片与刮浆

成合车间的第一道工序称为绷片。面料在刺绣时由于绷架的拉力纱向会倾斜,另外车间与车间运送过程中会产生一些褶皱,所以绷片一方面是对面料纱向的还原和褶皱处理,一方面要刷浆和附衬以增加面料的硬挺度。

首先将面料展开,绣花面朝下,先固定面料四边(一般为矩形)中的一边短边,插针的方式是斜插,针尾朝外,针距约为8～10厘米。用来绷片的钢针一般需要定制,长4.5厘米、直径约0.1厘米的尺寸较为适宜,可以有效地辅助好绷片和刮浆工序。

固定好后,在绣花部分用喷壶喷水,使之软化,随后尽量拉紧面料,固定另一短边。在两短边的同一侧拉上一根直线作为面料长边的参考线,用针沿参考线固定长边,最后尽量拉紧面料固定另一长边。在绷片的过程中必须保证横纱与纵纱的垂直。

一些特定的戏衣款式,在刮浆后仍需要用粘合衬来增加硬挺度,如靠、蟒的一些部位。在绷好所有布片后,在需要附加粘合衬的部位裁剪好相应的粘合衬大小。随后进行刮浆,刮浆从面料一端开始,用刮板顺着经纱的方向刮均匀,保证整个面上浆的均匀,尤其在刺绣图案处需要反复刮到位,然后刮去多余的量。在需要附加粘合衬的部位盖上粘合衬,用熨斗加蒸汽烫服帖。在所有粘合衬烫好后,再刮一层浆,完成此些工序后需要1～2天时间来阴干糨糊。苏州属于亚热带季风气候,在春季和黄梅时段,环境湿度大,需要用风扇来辅助糨糊加快干燥,以跟上工序进度。

在使用粘合衬之前,一般用毛边纸来使面料硬挺,后来替换成皮纸,使用皮纸的戏衣僵硬,制作好拿到戏班后由衣箱管理人员负责揉搓戏衣,使衣服变得柔软后再熨烫。如今舞台话筒由立式话筒转为夹在衣服上的小麦克风。麦克风直接夹在服装上,由于舞台表演时的肢体动作使得服装中夹的皮纸发出"沙沙"的响声,影响整体的声音效果,所以改用布衬来避免杂音,效果良好,一直沿用。布衬在戏衣中得到运用距今大约已有8年时间。

三、保存折叠方法

为了完好地保存制作完成的戏衣并方便发货运送,剧装完成后需要做整叠。一般将里子翻折在外,这样正面的面料刺绣可以得到良好的保护。将戏衣正面向下平整放好,以后中线为基准,量出肩线40厘米的宽度(左右各20厘米),并将这段肩线用针固定在台面上,下摆同样量出40厘米宽度,在后中形成一个"长方形",将两边袖子与衣身沿长方形的长边向中间对称翻折。对折平整后,依次从两边底层将衣襟翻上来,注意保持"长方形"的长宽边平整。最后,从下摆开始往上分三段翻折,同时领子也翻折平整。折弯后为一个长45厘米、宽40厘米的长方形。戏衣上的飘带,如女靠的下装、宫装的飘带则用手针钉起来,以方便折叠运送。

通常戏衣不能水洗,一是为保证手工刺绣的完好,二是上浆的部分洗了会脱浆,致使衣服变软、变型。

第四节　鞋帽的制作材料与工序

鞋帽分为盔帽、巾帽、鞋靴,这些品类的具体制作工艺有别于戏衣。盔帽和软帽,鞋靴和盔帽的材料,在制作的工序和所用材料上既有重合也有不同。

一、盔帽制作的一般工序

盔帽的整体制作过程工序复杂,材料繁多,同时也涉及很多制作工具。盔帽的一般流程包括描样、镟活儿、拍铅丝、合铁纱网、贴隔纸、塑胚型、烫活儿、刷红土子、沥粉、包胶、贴金(银)箔、点翠等,最后根据制作流程进行部件组装。在描样时,使用到的材料是复写纸和硬纸板,即利用复写纸的复写功能来拓版。镟活儿用刻刀和订书机。刻刀一般为一套,大小不一,根据样板需要选择大小适宜的隔纸;用订书机将所需的隔纸重叠到一起固定,以方便进行组活儿。拍铅丝一般用 20 号铅丝,用骨胶将铅丝粘合到纸板反面边缘一周。合铁纱网时,主要用骨胶和铁纱网,并用带海绵的小木槌来敲打,以加固粘合。进行完纸板的工序后,将样板塑坯形,用骨胶粘合毛边。在传统的烫活儿过程中,用生炉子加热烙铁进行烫活,再用小刀修整表面,使其光滑,并用棉布条封住拼合线。随后用红粉调制红粉浆,将坯样刷红粉。沥粉有专门的沥粉器具,沥粉的材料用白粉和骨胶调和,沥粉完成后需要涂一层骨胶将沥粉封层。早期时候,用金箔或银箔贴于表面作为上色,现在改用喷漆上色,根据帽子款式的需要喷金漆、银漆。喷漆后经过晾晒干透,进行点翠工序(如今改为点绸)。另需做好配套的抖须、穗子等部件,最后统一进行装配。

在 20 世纪 70 年代以前,盔帽师傅能够独立完成整套设计和制作工艺流程,但步骤烦琐。从 70 年代后,逐步发展为专人专项负责某道工序,形成流水线来完成整套制作。

软帽的制作相较于盔帽较为简单,所用到的工具较少,制作周期也较短,通常由专人专样式完成制作。软帽的一般制作工序为:画样、剪裁硬纸板、粘合衬和面料、烫样、缝合组装。虽为软帽,但在舞台表演时需要一定的挺括造型,所以在软帽中常使用硬纸板、粘合衬、铅丝来塑形。另外,软帽做完后大多能够折叠存放,而盔帽只能摆放保存。

二、鞋子制作的一般工序

鞋靴由鞋底和鞋面两部分组成,鞋面和鞋底分开制作,完成部件后组装定型。鞋面根据鞋靴款式不同有不同的面料和版型,常用的面料有软缎、大缎、棉布,鞋子的滚边一般为45°斜料的大缎或绒布。鞋面的制作可分为两个部分,分别是粘帮与成合。粘帮即在鞋面的面料上用烧浆的糯糊粘上硬衬,使其成形后挺括。粘帮完成后将鞋面静置一旁晾干胶水,随后用绗缝机将鞋面需要加如意纹、回云纹等纹饰的部位绗缝上相应的图案,并且做好鞋面的滚边,鞋面先拼合鞋头的中缝,随后封后帮。

　　鞋底常用材料有牛皮、黄麻纸(黄草纸)、硬衬、高密度泡沫等,一些需要做增高的彩鞋则用高密度泡沫做坡跟加高。鞋底的造型通过锉刀、杵刀等各种刀具修整,上鞋底使用专门的蜡线和勾锥,通过底线和面线的套链式连接完成(图4-12)。初步成型后利用楦头撑出鞋型,并放入烘箱定型(图4-13)。厚底鞋在加温后需要将黄麻纸截面刷成白色,方才完工。整个过程涉及的工具与材料繁多,工具与材料的用途见表4-4。

图4-12　制鞋主要工具(部分)

图4-13　各种尺寸的楦头

表4-4　常用工具与材料的用途

名称	用途	备注
大缎、软缎、棉布	鞋面	高帮靴一般为大缎,彩鞋为软缎
绒布、棉布(斜料)	滚边	
硬衬、袼褙	作鞋面隔里,增加硬挺度	袼褙:将多层棉布用糯糊黏合晾干后使用
薄牛皮	包鞋头	用于夫子鞋(香鞋)包鞋头
厚牛皮	鞋底	使用时正面朝下
黄麻纸(黄草纸)	制作厚底的纸胚	厚底由近千张黄麻纸压制而成
高密度泡沫	增高垫	一般按定制的需要所增高的彩鞋,用高密度泡沫做坡跟
海绵	鞋底	增加鞋底的舒适度
勾形针锥	绱鞋用	绱鞋时用来扎孔与勾线
锉刀(等各种刀具)	修正鞋底造型	鞋底造型包括鞋的廓形、两个面的平整度,由不同的工具完成
木槌、铁锤	定型、加固	木槌多用于加固黏合,铁锤砸塞楦头时用来定型
楦头	定型	材质为木头,常用码数为35～42码,楦头填充鞋头和后跟,中间利用塞紧木块(片)来加撑

名称	用途	备注
石蜡	润滑	纳鞋底和上鞋时润滑工具与蜡线
立德粉胶	厚底的侧面涂白粉胶	立德粉胶由白胶水和立德粉搅拌而成,现用现调
沙皮纸	打磨鞋底、打磨立德粉胶	立德粉胶干透后需用沙皮打磨光滑,然后再上一层立德粉胶使其平滑有光泽
冲床、鞋底铁模具	压制高密度泡沫鞋底	铁磨具的号型为 35 ~ 44 号
烘箱	定型	鞋子做好塞入楦头后放入烘箱高温定型

三、鞋帽常用工具与材料

(一) 铅丝

铅丝是盔帽制作中的基础材料,根据粗细分为不同的号型,盔帽上常用的有 14 号、16 号、18 号、20 号、22 号、24 号号,号型越小,直径越大,铅丝越粗。不同号型的铅丝有不同的用处,如常用铅丝中最粗的 14 号,一般用作纱帽的帽翅制作;18 号、20 号、22 号用于不同部位的塑形(称为"沿铅丝"),18 号一般用于帽口、帽檐部位,20 号、22 号用于各种部件以及帽体,20 号和 22 号还用于盔帽上抖须以及附加附件的弹簧制作;24 号用于承装(装配),固定组合部件。

铁丝原料通常为圈状成捆,在使用前需要拉伸使其直挺,方能使用。拉伸铁丝时,通常将其一端固定,在另一端用钳子钳住铁丝,用力将铁丝拉长,其力度的控制讲究恰到好处,即将铁丝拉直但保留一定的弹性,以便使用时可以塑形。若拉伸过度,铁丝会失去可塑性(图 4-14)。

图 4-14 将成捆的铅丝拉直

图 4-15 拉直铅丝后包纸上清浆

120

铅丝表面光滑,不易粘贴,所以,将铅丝拉直后,在铅丝的表面要卷一层薄纸(棉纸),使其在使用的时候方便用骨胶等胶水黏合。包裹上棉纸后,用糨糊稀释成水,将包裹好棉纸的铅丝过一遍糨糊水,静置晾干,以便在使用过程中剪断铅丝时棉纸不会散开(图4-15)。

(二)骨胶的制作

骨胶是在盔帽中使用最广泛的一种黏合材料,骨胶的原料为黄色(或黄褐色)固体珠颗粒(图4-16)。骨胶为热熔性胶,特点是黏结性好,黏合强度高,水分少,易干,且价格低廉,使用便捷,可以达到良好的黏合效果。

使用骨胶时,准备等体积的热水将骨胶进行浸泡,为了避免温度过高(超过100℃)使分子降解而导致黏性降低,胶老化变质,盔帽制作时利用加热水产生的蒸汽来加热骨胶,使其成为胶液(75℃黏性最佳)。骨胶的黏稠度可以通过加水调和来控制,水多,黏稠度相对降低。骨胶使用过程中会产生凝结体,加水时需要持续搅拌骨胶,使其充分流动,完全调和。

骨胶的热熔性质使其必须在一定温度下才可以使用,所以添加水时,必须使用与骨胶温度相似的热水,使胶水保持在65℃～85℃,使用时最为方便。

图4-16 固体的骨胶颗粒 　　　　　图4-17 烧浆方式所制的糨糊与棕榈刷

(三)烧浆的制作方法

烧浆与冲浆的原料基本相同,但由于制作方法上烧浆需要快速加热,所以一次的制作量少于冲浆,一般一次使用300克面粉,15克明矾,加入加热容器中,慢慢加入约350毫升冷水,同时搅拌成均匀的白色汤水。之后将加热容器置于电磁炉上加热,加热的过程中用搅拌棒匀速持续地以顺时针方向搅拌,使其不致黏锅。搅拌的过程中,随着温度升高,白色汤水会渐渐凝固成乳白色糊状,等所有水全部凝结后停止加热,否则浆会被烧糊。停止加热后在已经成糊状的糨糊中倒入开水,用开水的温度渗透糨糊进行二次加热,然后倒掉开水,进行充分搅拌。搅拌完成的糨糊即可以用来配合棕刷制作使用(图4-17)。烧浆的方法有别于冲浆,烧制的糨糊有更好的黏性。

第五章

苏州剧装的制作技艺

在传统剧装的制作过程中,手艺人始终遵循着传统的手工艺形式,遵循着传统戏衣的结构与尺寸。1978年,在国家质量工作行政主管部门的倡导和部署下,发动了"质量月"活动,即每年9月份,组织开展为期一个月的为提高全民族质量意识和质量水平的质量专题活动,手工艺行业也积极参与,手工制品的结构、工艺、尺寸、质量被进一步严格控制,这使手艺人以更高的要求完成制作,给我们留下了宝贵的手工艺技能和手工艺制品。

第一节　蟒的制作技艺

剧装的制作技艺主要指服装的裁剪与成合工序,它是基于开料、图案设计、刺绣工序之上的成合工艺,即将部件组装成型。戏衣基本为中国传统的十字形裁剪,但各个类别由于具体款式的不同,又有其特定的程序,难度不一。

一、蟒袍的结构

（一）传统男蟒的结构与制版

传统男蟒前后连身,上下连身,是传统的中式十字形平面裁剪结构。右衽开口起始于右颈侧点,置于右挂肩底端。蟒的裁片分为大身(1片)、袖子(2片)、里襟(1片)、挂面(1片)、下摆(2片)、插摆(4片)、飘带(4根)、襻儿(2长1短共3个)、领圈(1片)、水袖(1副),以及挂面,挂里由棉布和软缎组成。蟒袍的制作通常由一个师傅独立完成,先制作局部与挂里,最后组装。

蟒袍前后身的江崖海水纹与大身分片,分片的原因有三:其一,蟒袍前后连身,大身长2米有余,如若加上前后海水纹,长度过长而不易上绷架,在刺绣过程中易被绷架拉斜纱向影响刺绣;其二,大身的面料为大缎,在下摆的江崖海水纹是满地绣的前提下,下摆的面料可以用棉布代替大缎,以节省面料开支;其三,大身与海水纹分体,在制作中对尺寸的把握更为自由,可以通过大身和海水纹拼合重叠距离的收放,调节衣长(图5-1)。

男蟒大身的长度为100～110厘米,横中线至下摆的距离即为总衣长,150～160厘米,下摆宽86～90厘米。挂肩为40厘米,胸宽65～66厘米,由于男蟒两侧有插摆,所以在胸宽的基础上,裉下的侧缝线须向外延长4厘米,侧缝线底端向外延长5厘米,以便于在制作时夹缝插摆;同时大身后片的裉下,需要对应地向外延伸2厘米来满足装插摆的条件。蟒袍袖子由于门幅的限制,须另接袖片,袖片面料的经纱平行于横中线。袖子的总长为中线至袖口的距离(即"出手"),长106.5厘米,袖口宽45厘米(一周为490厘米),袖口下端封口12厘米(袖口开口通常为1尺)。

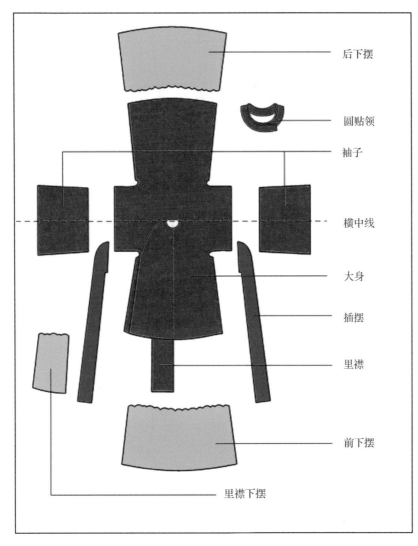

图 5-1　男蟒结构图

图中标注（从上到下）：后下摆、圆贴领、袖子、横中线、大身、插摆、里襟、前下摆、里襟下摆

里襟的前中线总长为蟒袍的总长,里襟的下摆外侧一般是江崖海水纹,同样也是另外拼接,里襟只做一半海水纹的原因之一是能够省刺绣工时和原料,二是可以减少前半身下摆的厚重感。里襟与另一侧的侧缝造型对应,需将侧缝向外延伸对应数值,使左右对称,方便装插摆。

蟒袍为齐肩圆领,领口一周饰有领托纹样,围领口一圈有一道凸起的边,称为领盘。领子从大襟起始围绕领圈一周,到里襟结束为止,前领右半圈为双层重叠。横开领为 15 厘米,竖开领为 11 厘米,后领口深 3.3 厘米,盘领的领贴宽度为 5 ~ 6 厘米(图 5-2)。

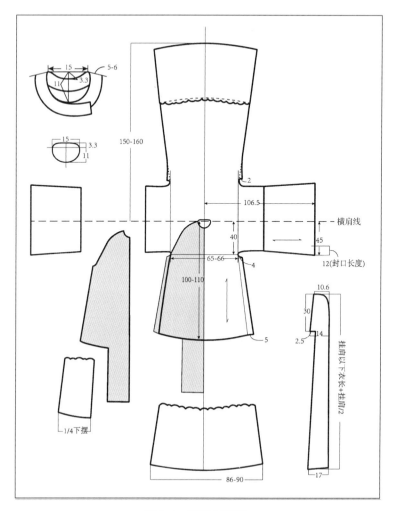

图 5-2　男蟒制版图

插摆在历史服饰的蟒袍中仅有装饰意义,而在剧装蟒袍中,插摆在起到装饰性的同时也是蟒袍上重要的实用结构,是蟒袍中不可或缺的部件。插摆左右对称,分别与前片的两侧边以及后片侧边的顶部相连,利用插摆系带将插摆收向后背,并悬挂与后中领口。这一结构在穿着时将后片侧边包裹在插摆内,可以使左右高开衩的蟒即使在大幅度表演动作时也不至于开衩过大。我国古代服饰审美观念认为露腿不雅,无论在历史服饰中还是在戏剧服饰中,穿蟒者均为身份贵重的人物,更应显出端庄和威严。在舞台表演时,需要蟒袍开衩来满足夸张动作的活动量,摆的硬挺度可以使蟒袍在表演时保持挺括的廓形,又巧妙地使前后片交叠(前片在上),避免露腿尴尬。同时,摆的结构还起到调节服装大小的作用。剧装通常有一般尺寸,一般尺寸即高个儿和矮个儿都适宜穿着。矮个儿演员穿一般尺寸的蟒会稍长一些(行内把穿剧装过长称为"淌水")。在蟒袍出现大小不适宜时(如淌水），可以通过调节插摆系带的长度来调节摆固定的位置，从而略微调节蟒袍的肥瘦和下摆起翘的程度。

（二）传统女蟒的结构与制版

女蟒和男蟒的结构基本相同，长度短于男蟒，仅过膝，穿着时内系衬裙，属上衣下裳制。

一般衣长为 110 厘米左右，胸宽 56.6 厘米，下摆宽 80 厘米，袖长（出手）为 100 厘米，挂肩长 36.5 厘米，袖口宽 83 厘米（折叠后 41.5 厘米）。局部结构上女蟒与男蟒有两点不同之处：第一，女蟒没有插摆结构，侧缝开衩位置低于男蟒，约在裉下 15 厘米起开衩；第二，女蟒通常配有云肩，云肩带立领，云肩领口大小小于衣身的领圈，衣身横开领为 13.3 厘米，竖开领为 9 厘米，后领深 2.6 厘米；云肩的横开领为 16 厘米，竖开领为 9 厘米，后领口深 1 厘米，云肩总高 26.5 厘米，肩部总宽为 55 厘米，穿着时自然下垂搭于肩部。最早的云肩为前后连身，后经改良加入了肩斜度，使其更贴合人体，肩斜度约 17°（图 5-3）。

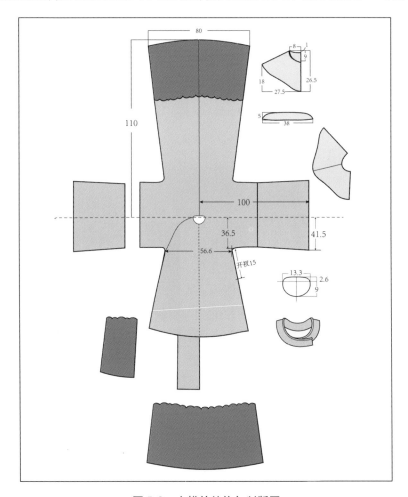

图 5-3　女蟒的结构与制版图

（三）劈积的使用

劈积中的"劈"解释为"裁""剪","积"解释为"积累",顾名思义,"劈积"便是裁剪下来并积累起来的意思,即在裁剪过程中,裁下的边角料用于下摆的宽幅的补充。旧时由于织布机的限制,面料的门幅无法满足服装宽度所需,所以蟒袍等一些长款大摆的款式在两侧一般均存在劈积(图5-4)。而如今,织布机改革后功能提升,面料的门幅操作上完全可以实现一次性裁剪,无须拼接劈积。但事实上,劈积仍然在现在的成合中被使用,其原因一是延续传统的制衣方式,二是劈积结构的加入可以合理排料,节省面料。

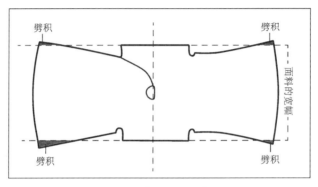

图5-4　劈积结构示意图

二、男蟒的制作工艺解析

（一）前期工作

蟒袍宽大,有厚重感,全身为大缎,在裁剪制作前需要将所有部件绷片刮浆来增加其硬挺度。蟒袍刮浆后晾放一夜取下,取下时往往会出现下摆海水纹的金线的卷曲。其原因在于,刺绣时,绷架的力度不如刮浆时绷片的力度,经过绷片刮浆后,经纬纱被再次拉紧,刺绣过程中所盘的金线或银线在此种情况下会出现余量而产生变皱卷曲的现象。在裁剪之前,需要用针锥在边缘挑起金线轻拉,梳理金线,使其平整流畅(图5-5)。

图5-5　梳理海水纹所勾的金线

（二）裁剪与初步拼接

蟒袍大身裁剪时,上下对折、左右对折,共四层同时裁剪,对折的交点为领子中心点,做剪口标记。里子的大小与面子相同,里子为"上布下缎"结构,即整个里子按照面子的尺寸裁好后,在横肩向下70厘米起的下半身,再附加一层软缎,以增加蟒袍的厚重感与垂感。其中领口的面料为45°斜纱,袖子对折后裁剪,经纱垂直于对折线,在袖口的封口处做剪口标记,蟒衣的裁剪一般留1厘米缝份。下摆的海水纹裁剪后,需要在海水纹的弧线转折处打剪口,随后将缝份翻折到反面,并用蒸汽熨烫平整。

裁剪完成后,将海水纹摆放至江崖的对应位置,并用少许糯糊固定,用缝纫机在距海水纹止口0.1厘米处明线绗缝,固定大身和下摆,同理缝合里襟和对应的海水纹。将里襟缝合到大身上,并缝合袖子。袖子缝合时通过辨认袖子上的龙纹位置来确定左右袖,龙纹位置通常位于袖子的后部,同时在大身和袖子上各有半个龙纹需要对位拼合成完整图案(图5-6)。

图5-6　拼合前身、后身、里襟的海水纹

(三) 宝剑头飘带与祥儿的制作

蟒衣上共有四根飘带,为宝剑头式,穿衣时系带所用,分别位于大襟对应的裉下(2根)和右领口颈侧(2根)。飘带长32厘米,上宽1.4厘米,下宽2.4厘米,飘带一般利用裁剪时剩余的面料所制。

制作时将飘带对折,正面朝里,缝合侧边,底边对折缝合(图5-7),随后用筷子辅助将其翻到正面,飘带的底端翻成等腰三角形,并用蒸汽熨烫平整。

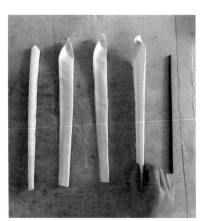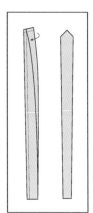

图5-7　宝剑头飘带的制作实物与示意图

(四) 里子与面子的初步拼合

里子与面子拼合前,面子正面朝上摆放,里子正面朝下,与面子正面相对。面子与里子对位后,为了避免上下移位,横中线用针固定。将下摆刷上浆糊固定位置,袖口刷糯糊时留出袖口下端封口的量,中间段刷上糨糊。两侧缝不黏合固定,留于装插摆用;袖底线不黏合,便于翻里衬。在大襟上配上相应的挂面,挂面宽约4厘米,同样用糨糊固定挂面位置。随后用缝纫机绗缝固定,绗缝时,一般顺时针缝合大襟、前下摆、袖口、后侧缝、后下摆、后侧缝、袖口、里襟下摆,最后缝合大襟和大襟挂面,同时,在大襟上对应的挂肩底端位置夹缝一根飘带。缝合后将袖口封口处的缝份打上剪口,并将缝份向面子一边折叠熨烫,以保证翻到正面时里子不外露。

随后做第一次翻衣身,从腋下将面子翻出,使面子的反面与里子的反面相对。翻面子时,先将两袖子从领口翻出,然后翻大身。翻到正面后将初步缝合的部位进行"里外熨",熨好后将衣服十字摊开,行业内习惯称本步骤为"四脚朝天",即里子在上、面子在下,平面展开。将前半身的袖底线、后侧缝线、前后下摆都刷上糨糊定位。

定位后进行第二次翻衣身,从腋下将衣服再次翻成面子、里子的反面相对(图5-8)。整理横肩线,使里子和面子横肩线对齐,然后用针固定两袖口底端、袖底线中间部分,以及挂肩底端的四层面料(两层面子、两层里子)。将袖口封口部分和袖底线绗缝固定,并在大襟对应的裉下夹缝飘带和玉带环,另一侧挂肩底部无飘带,只装玉带环,随后将袖口封口段的缝份和袖底缝份折向面子熨烫平整。

图5-8　第二次翻衣身,使面子、里子的反面相对

随后进行第三次翻衣身,先从领口掏出两袖子,注意袖口底端用镊子辅助直角翻面,随后翻出里襟,然后翻大身,下摆的两端保证直角,用镊子辅助翻折到位(图5-9)。完成翻折后,正面朝上,将所有的缝合处进"里外熨",即保证面子的止口盖住里子,整烫时需要隔一层棉布或绸,原因在于金线受热后光泽度会下降,并且大缎熨烫过度会产生发亮的情况。

图 5-9 第三次翻身,翻回正面

(五) 插摆的制作

插摆是将现实中蟒袍的装饰性飘带与服装结构结合,赋予蟒袍适宜舞台表演的实用功能,而这些结构上的改变也同时造成了戏曲蟒袍与生活中蟒袍制作工艺上的区别。摆与衣身相连,夹缝于裉下的前身侧缝中,穿着时与后身相连。插摆在刮浆的基础上需要附上一层粘合衬,使其挺括。

插摆的长度取决于蟒袍的总长,为裉到底摆加上挂肩一半的长度。上部宽约 10 厘米,底边宽约 14 厘米,具体结构尺寸如图 5-10 所示。插摆两面图案相同,两面对合后用针固定于熨台上进行裁剪,注意预留一周均匀的水路。夹缝于侧缝中的一段预留 2 厘米左右的缝份。

同时,准备两片藤条置入插摆中定型。早期时,插摆中夹的支撑物为竹片,后来用藤条取代,藤条相对于竹片有更好的柔韧性,不易折断,便于穿着表演。藤条用刀劈成片状,长 30 厘米,宽 0.8 厘米,藤条下端用刀削薄,便于手工穿针缝制。将削制完成的藤条夹入缝份中,顶端留 1 厘米余量以便缝合衬里,刷上糨糊定位。配上里子缝合,在上端距左端 3.33 厘米处,夹缝一个穿线用的襻,夹藤条的一侧不缝合,翻到正面进行"里外熨"。

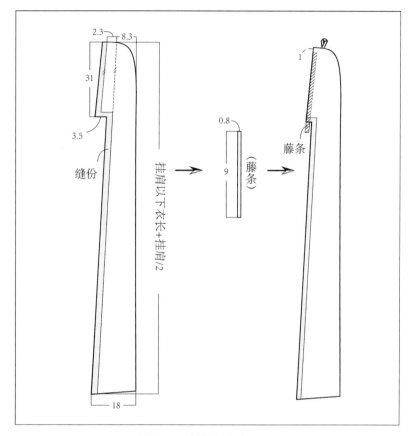

图 5-10　插摆制作步骤图

（六）插摆与衣身的缝合

插摆与前片大身缝合,夹缝于前身两侧的面子与里子中间。夹缝之前,需要在侧缝的裉下做一个"补角"。补角为三角形,做补角的目的是为了从正面看戏衣时,裉下不露出插摆,保持服装的完整性。将裉下的侧缝上沿毛边折光,用糨糊黏上补角的三角形块,补角靠近裉的一边毛边折光(图5-11)。

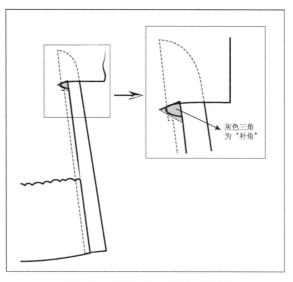

图 5-11 插摆与衣身缝合示意图

随后,将前片侧缝的面子和里子缝头向内折光,并用糨糊辅助熨平贴。将插摆的下端与下摆起翘对齐,从下往上固定插摆位置,插摆紧贴裉下。用糨糊分别将插摆和前片里子、面子固定,在补角位置用手针同时固定前片的面子和里子以及后片;在藤条无法穿过手针的位置,用针锥辅助扎眼后缝制。裉部位用手针固定后,绗缝侧缝固定插摆(图 5-12)。

（a）插摆反面　　　　　　　　　　　　（b）插摆正面

图 5-12 制作完成的插摆

（七）领子的制作

男蟒的齐肩圆领领口一圈长度为 45～48 厘米,女蟒为 42 厘米(均不包括里襟领圈重叠部分),围绕领口一周饰有纹样。如果是武将所穿蟒袍,则通常配有三尖。

领盘面料与大身相同,用料为45°斜料,总宽9厘米,折叠后5~6厘米。将领子正面朝外,熨好,并绗缝一道宽约0.3厘米的填充通道。通道的填充物为白胚布,将白胚布剪成窄长的布条,用一根绳拉住穿过通道,使其填充饱满,有硬挺感,将其慢慢弯成圆形(图5-13)。在填充白胚布前,将白胚布在蜡上磨一下,使其滑爽,更便于拉过通道。白胚布的填充能够起到塑形作用(图5-14)。

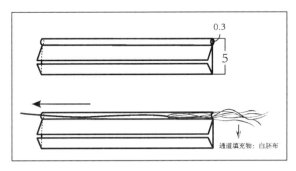

| 图5-13　领子弯曲前造型以及塞白胚布示意图 | 图5-14　领子塑形 |

将填充好的领圈用蒸汽做归拔,将其烫成平整的圆弧。将领圈的一端用针固定在烫台上,在领圈距固定端点(A点)1尺的长度处定一点B,将领圈弯成圆弧,在A点距离固定端点4寸半处固定,B点即为颈侧点。固定颈侧点后,顺势将圆弧连接到固定端点处,至此形成一个完整的领圈。将领圈做好归拔后,以A、B两点为颈侧点,折叠领子形成一个领口的造型,加以蒸汽熨烫定型(图5-15)。

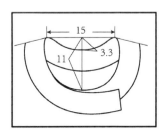

| (a)将盘领按尺寸烫弧 | (b)经过颈侧点翻折定型 | (c)盘领尺寸图 |

图5-15　盘领的制作

在蟒袍的中心点上开领口,横开领总长为15厘米,后领深为2.5厘米,前领深为10厘米,领口总长为46厘米左右。开好领口后将做好的领圈用针固定到领口上,并将领口一圈均匀地打好剪口,随后将手针用来回针先固定领圈一周,然后用三角针固定领圈贴边。在后领口中点缝入一个襻,右颈侧点的后端缝入一根飘带,前右颈侧点缝入一根飘带(图5-16)。

| (a)领圈一周打剪口 | (b)用来回针手工上领子 | (c)领子完成图 |

图 5-16　上领子步骤图

（八）其他后续制作

高级武将或从武的帝王所穿男蟒，领口配有三尖。三尖分为左右对称两片，后中拼合以后，一圈滚边，滚边颜色一般与绣花颜色相近。三尖上配有一颗直角扣，扣子的位置从后中向前 25 厘米。完成所有工序后，在蟒袍袖口配上水袖。

第二节　帔的制作技艺

帔亦是传统十字形平面裁剪，前后身相连，袖子另拼接，无挂面，男帔与女帔除制衣尺寸和领子造型略有差异外，结构完全相同。在制作程序和难度上，帔是四大类（蟒、帔、靠、褶）中最为简单的一类。

一、帔的结构分析

帔的裁片分为大身 1 片、袖子 2 片、领子正反各 1 片（总 2 片），领下有对称装饰宝剑头飘带 2 根、水袖 1 副。

帔在裁剪时上下、左右十字形对折，领口中心为对折线的十字交叉点，默认的裁剪尺寸为对折后的平面尺寸。男帔衣长及足，通用尺寸为 150～155 厘米，挂肩长 35～37 厘米，胸宽 30 厘米（一周为 120 厘米），下摆宽 45 厘米（一周总长 180 厘米），起翘 5～6 厘米。袖子总长（出手）为 103～106 厘米，若帔使用团花图案，则袖口至袖子团花位置长度以 12 厘米为宜，袖口宽 45 厘米（一周 90 厘米），袖口底端封口，留 33.3 厘米开口。横开领宽 15 厘米，后领口深 2.5～3 厘米，前竖开领长 35～37 厘米。宝剑头飘带长 30 厘米，上端宽 1.5 厘米，下端宝剑头宽 3 厘米。男帔领子为齐头领，即两头均为直方形，领子后中拼合，长度为 50 厘米（拼合后总长 100 厘米），领子略微呈"S"形，以达到领子装于领口呈内扣的立体效果（图 5-17）。

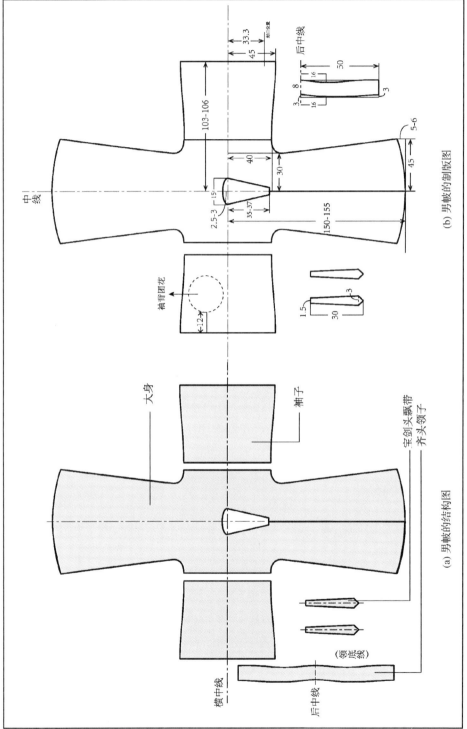

后中线

33.3

45

折向安装

103-106

后中线

50

16

8

3

3

16

5-6

45

40

30

中线

15

2.5-3

35-37

150-155

(b) 男帔的制版图

袖背团花

12

1.5

30

3

大身

袖子

宝剑头飘带

齐头领子

(领底线)

横中线

后中线

(a) 男帔的结构图

图 5-17　男帔结构图与制版图

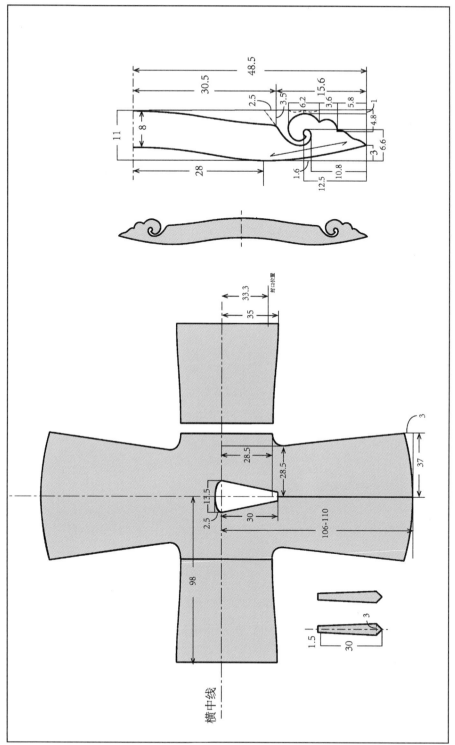

图 5-18　女帔的结构与制版图

女帔的长度仅过膝，为106～110厘米，胸围28.5厘米，胸宽28.5厘米（总胸围114厘米），挂肩28.5厘米，下摆宽37厘米（总长148厘米），起翘3厘米。袖长（出手）98厘米，袖口总宽35厘米，开口33.3厘米，下端剩余部分封口。横开领宽13.5厘米，后领深2.5厘米，前竖开领深30厘米。除老单帔采用齐头领以外，一般女帔用如意领，如意领长48.5厘米，与齐头领的整体版型相仿，呈"S"形，领宽均为8厘米，只是将直方的领头改为如意造型，以显女子装扮的精致优雅。

帔的下摆宽幅窄于蟒袍，一般面料的门幅可以满足裁剪要求，且不会出现排料的大面积浪费，故不使用劈积。帔的里子一般采用绉缎，因不需要挂面，所以里子的版型与面子一致（图5-18）。

二、帔的制作技艺解析

（一）衣身的制作

男帔与女帔的制作工序与工艺基本相同，可分为大身的制作与组装。领子为帔成合的最后一道工序，故领口在制作过程中仅剪开中线，而不做修剪，以免在制作过程中将领口的斜纱拉变形。

大身分为面子和里子。首先将面子的前后身与袖片拼接，接缝处往往有团花（或适合纹样）的拼合，须保证图案连接流畅。里子的袖片同样完成拼合后，将面子的正面与里子的正面相对，从前中门襟起，将前片领口以下的门襟、前下摆、侧缝开衩部分、袖口未封口部分、后片侧缝开叉部分、后下摆依次顺时针缝合。缝合后在起针后收针位置打剪口，并将缝份熨向里子，随后将衣袖先从领口翻出，翻出后片与前片，使面子和里子的反面相对（正面向外），呈十字形摊开，再次将缝合部位"里外熨"。

随后用糨糊固定面子和里子的袖底、袖口封口部分及腋下未缝合部位，进行第二次翻衣身，从腋下将衣身翻到反面，使面子和里子的反面均朝外（参考蟒的第二次翻衣身）。从袖子开口处向侧缝开衩方向绗缝，闭合前后片袖底与侧缝（图5-19）。将衣身从领口处翻回正面，并用镊子辅助翻折下摆和袖口转折处，进行缝份的整熨，衣身部分制作完成。

（二）领子的制作

帔的齐头领与如意领的纱向有所不同，齐头领的纱向与后中线垂直，而如意领的纱向与如意头的弧线保持相对平行，纱向的合理运用可有效避免如意头弧线过多而造成的拉伸变形。

领子一般均有滚边，以示细节的精巧。做滚边前将领子的后中拼合，以宽2厘米的斜料做滚条。齐头领的滚边为普通滚边，滚边约宽0.5厘米。如意领的滚条相对更精细饱满，宽约0.2～0.3厘米，滚条折叠为双层绗缝于如意领一周（普通为单层），在滚条翻边时可以形成填充，使滚条更饱满，形成一条鼓起的边（图5-20）。因如意头有较多的弯曲与转折,在翻滚边前须在转折和凹陷的弧线处做好剪口,一边翻边一边用糨糊固定,在尖角处可用锥子的尖头辅助翻出棱角(图5-21)。

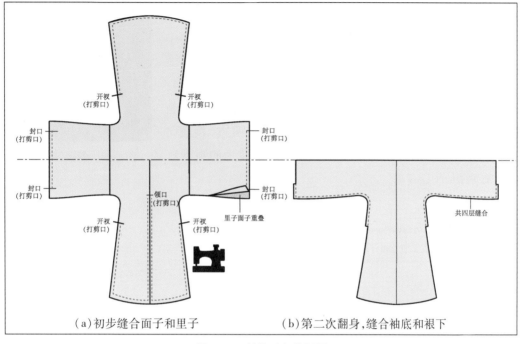

（a）初步缝合面子和里子　　　　　（b）第二次翻身,缝合袖底和根下

图5-19　制作过程分解图

图5-20　如意领滚边图

图5-21　如意领滚边翻边

（三）上领子

领子与宝剑头飘带和衣身的缝合是制作程序中的最后一步，称为"上领子"。宝剑头飘带的制作方法同蟒。领子后中与衣身后中对齐，在用缝纫机绗缝之前用手针宽松地将领子假缝于领口固定位置（图5-22），可以避免在绗缝时将领口与领子拉大。固定位置后，方可将领口多余面料顺着领型修剪，在顶底和领面均匀抹上糨糊，蒸汽熨烫定位，最后绗缝时在领头底边处夹缝宝剑头飘带，以及在领子相拼的两边（领底向上2～3厘米左右）夹缝入暗门襟（3厘米×5厘米的矩形），用以钉暗扣。

图5-22　假缝好的领子

第三节　靠的制作技艺

相对于其他传统样式的戏服，靠是结构和部件最复杂的款式之一（仅次于宫装），制作工序十分烦琐。总共片数有50～53片，其中衣片根据款式的差异有30～33片，靠旗有20片。一件男大靠在一位有经验的老师傅手中，独立做完成合工序需要4～5天的时间，其中里子的包边就需要1～2天。衣片量之多，工序之烦琐，使得靠的制作尤为耗时耗工。所以靠的制作采用分工合作方法——流水线操作。一件靠，由一个师傅裁剪，裁剪完成交由下一个师傅包边，依次类推。

一、男大靠的结构分析

男大靠的衣身分为两大部分，一部分是整体的上下、前后连身，另外一部分是靠腿。穿着时先穿靠腿，随后穿靠的主体衣身和三尖。如需扎靠旗，则先绑背虎壳，最后插上靠旗。

男大靠虽然不是连身裁剪，但其组装的结构仍旧是传统的十字形制衣结构。具体部件结构参见图5-23，制版数据参见表5-1。

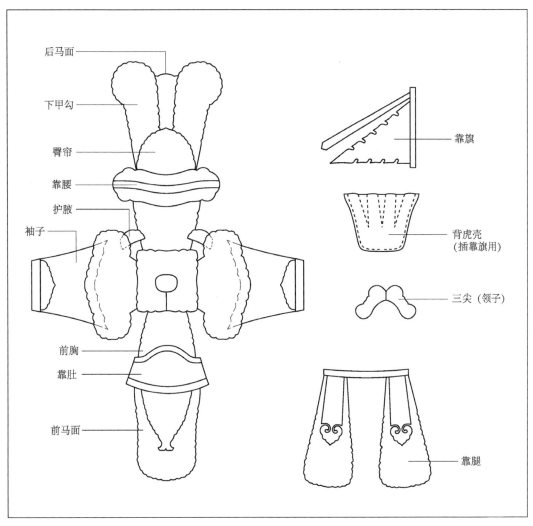

后马面

下甲勾

臀帘

靠腰

护腋

袖子

前胸

靠肚

前马面

靠旗

背虎壳
(插靠旗用)

三尖（领子）

靠腿

图 5-23　男大靠结构示意图

表 5-1　男大靠结构与制版数据表

部位	名称	版型	一般尺寸	备注
领子	三尖（苦肩、三角领）			2片，三尖以中缝线对称，两片缝合为一片
前身	前上身（同靠背）			1片
	靠肚			1片，需填充海绵
				2片
	前马面			1片
	鱼片			1片，尾部饰有虎头

部位	名称	版型	一般尺寸	备注
后身	云肩			1 片,前中开口,前左半边与前身缝合,右边敞开
	靠背			1 片
	靠腰(软腰、后兜)			1 片,靠腰上的横条装饰可选择性装配
	后马面(中)下甲勾(两侧)			后马面 1 片下甲勾 2 片
	后臀帘(遮臀部)			1 片
	护腋			2 片,手工缝钉

部位	名称	版型	一般尺寸	备注
袖子 	大袖（蝶翅护肩、外袖）			2片
	小袖（里袖）			2片
	袖枪板			2片
	袖克夫			2片
下甲（靠腿、靠牌子）	腰带			1片，归拔
	面风（飞尘）			如意头飞尘（每件靠的飞尘只用两者之一，苏州戏衣很少用飘带）
	靠腿			2片

部位	名称	版型	一般尺寸	备注
靠旗	旗面	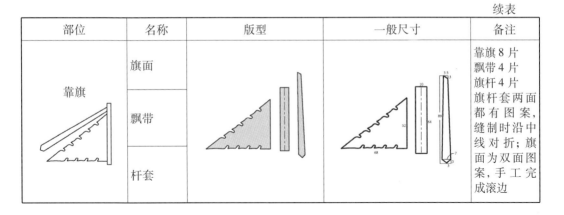		靠旗8片 飘带4片 旗杆4片 旗杆套两面都有图案，缝制时沿中线对折；旗面为双面图案，手工完成滚边
	飘带			
	杆套			

二、男大靠的制作解析

（一）裁剪前的准备工作

靠作为盔甲类的服装，相对于其他戏衣要有更好的硬挺度，需要在裁剪之前先进行绷片刮浆。单纯的刮浆对于靠的硬挺度来说，还比较欠缺，需要在对应的部位配上粘合衬，其中小袖和靠肚、靠旗不需要附粘合衬。靠旗为正反面绣花，两面刮好浆以后贴合，保证两面的图案对位，同时用针固定好。靠肚的上下边饰需要附两层粘合衬，附上一层后再刮浆，刮浆后再附一层，以保证硬挺度。

（二）裁剪与滚边

由于靠的每一片版型在后续过程中都需要包边，所以裁剪的时候面子的每一片版型均为净样。在裁剪时注意图案一周留出相同距离的"水路"，即纹样与边缘线之间的空余量，尽量保证纹样的完整性，俗称不"伤花"（图5-24）。对称的衣片一般剪出一半造型后进行对折，用划粉画出相对应的另外半个造型，以确保衣片左右对称。

图5-24 裁剪时注意水路均匀

图5-25 滚边完成

在裁剪完成后，做靠的衣片及靠旗的滚边，滚边配色一般与绣花颜色相近。以宽2厘米的条带丝质斜料为滚条，滚边时滚条的正面与衣片的正面相对，缝头对齐，在距边缘

0.3~0.4厘米处,沿衣片绗缝一周。在小于90度的尖角拐角处,条带需要做一个0.1厘米左右的折叠,以便缝好后翻边整烫的时候有足够的空间翻平整。滚边完成后,将滚边翻折到反面,用蒸汽熨斗烫服帖(图5-25)。

(三)虎头的制作

滚边做好以后进行个别靠片的细节制作。虎头的制作需要先将虎眼、鼻子、嘴巴镂空,镂空的同时打剪口(图5-26),向内侧翻平整,翻折的边比较窄,可以用镊子辅助翻折到位。翻折后在反面用糨糊粘贴平整,用蒸汽熨烫(图5-27)。

同时制作虎头的眼睛、鼻子、牙齿。眼睛为白色,眼睛底部垫硬衬,眼睛的大小为直径1.5厘米的圆,隆起0.8厘米左右,用珍珠棉填充。鼻子为红色,鼻翼宽3厘米,鼻梁高2厘米,与眼睛同样垫硬衬,塞珍珠棉使鼻头饱满。牙齿为白色,宽2.2厘米,最长4.5厘米,同样用硬衬打底并塞上珍珠棉,使虎牙立体。虎嘴两嘴角距离为7.5厘米,高度为3厘米,按照嘴的开口大小取一块红色长方形面料。以上的部件都需要带2厘米的缝头(图5-28)。

图5-26 镂空眼睛、鼻子、嘴,并打剪口　　图5-27 将缝头向反面折光　　图5-28 虎头的材料

做好部件以后,用绗缝将眼睛和鼻子固定到镂空的对应位置。由于眼睛的凸起较高,在绗缝眼睛的时候需要换上单边压脚。在嘴巴处垫上红色裁片,虎牙八字形放于嘴角两端,注意牙齿的对称。在两虎牙中间的上唇位置同时夹缝虎须,虎须为双层,从而使虎头整体显得饱满,虎须与虎牙有大概1厘米的重合。缝合后在反面修剪多余的缝头(图5-29)。完成绗缝后用铅笔画出眼珠的中心位置,用纸板片抠出眼珠大小的圆形(约1厘米),根据所画的眼珠中心位置垫在眼睛上,用刷子蘸取丙烯颜料刷上黑色眼珠(图5-30)。

图 5-29　虎头装配完成

图 5-30　虎头点睛

以上是小鱼虎头的做法，靠肚上的开口虎头的做法与此相似，眼睛大小为4.5厘米直径的圆；鼻子长9厘米，宽14厘米；虎牙长11厘米，宽6厘米；虎嘴长为26厘米，宽9厘米，虎嘴镶嵌0.2厘米宽的红白色相间嵌条作为牙龈，牙龈充棉饱满；上唇用舌头代替虎须，舌头长7厘米，宽7.5厘米，舌头下边缘盖过下嘴唇。

（四）飞尘的制作

飞尘由三部分组成，飞尘的主体、如意头的垫布和底边流苏。首先将滚边绗缝于飞尘主体一周，将缝份熨烫至反面，尤其注意在如意头转折处打剪口，用少许糨糊黏合缝头并熨服帖。在如意头空隙处垫上红色布片（垫片颜色根据整体服装色彩而定），随后用与飞尘滚边相同的面料做里子，把里子的缝份沿飞尘的外形熨好。最后里子与面子绗缝明线的时候把流苏夹缝到如意头底边（图5-31）。

（a）飞尘材料

（b）熨滚边

（c）熨里子缝份

（d）制作完成

图 5-31　飞尘的制作过程

（五）上衣前后片的组装

靠肚由中间一块靠肚和上下条状边饰共三片组成。上下的边饰无底衬，先对位上边的边饰,用绗缝明线沿滚边的止口固定上边的边饰,绗缝面线的颜色与衣片底色相同。剪一块与靠肚相同形状的海绵,并且剪掉海绵的直角边缘修圆顺,摊平塞进靠肚,缝合靠肚下边缘,并装上下边的边饰。随后裁剪上身前片的里子,里子在靠肚的两侧位置有绣花,注意绣花的位置适中对位。在里子靠肚中间位置装三个马黄祥儿,在穿着服装的时候用来穿腰带(图5-32),里子和靠肚不缝合,留着最后夹缝前马面和鱼片。

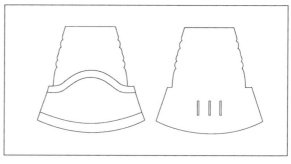

（a）靠肚与上身的组合实物图　　　　　（b）靠肚与上身组合的正反面示意图

图5-32　靠肚与上身的组合

后背的上部分与云肩相连,用粘合衬固定,沿滚边内侧边缘绗缝明线固定,后背下端连接靠腰,同样绗缝固定。如若靠有刺绣,则没有中间的条带,若无龙纹,用条带装饰,条带一般为"卍"字纹样。背部片的里子在靠腰两端有绣花,裁剪时注意绣花与面子的对位,确定位置后用双面粘合衬固定。在云肩的中缝开口处将面子和里子缝合,两侧和前面的里子面子不缝合,留到最后夹缝袖子和前片。领口不留缝份,将面子里子合到一起做滚边(图5-33)。

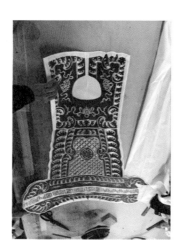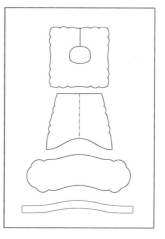

（a）后上身配里子　　　　　　（b）后上身结构部件组成

图5-33　后上身缝合

（六）袖子的组装

袖子分为上下两部分,上半部分称为大袖,下半部分称为小袖。小袖又由三个部分组成:小袖、袖克夫以及袖克夫装饰片(袖枪板)。先将袖枪板做上里子,里子布正面与袖枪板正面相对,沿装饰片波浪边缘绗缝,在波浪凹陷处打剪口以保证可以翻折平整,翻折后整烫时滚边的止口盖过里子0.1厘米。将烫好的袖枪板与袖口对齐缝合,缝合时三片中线对齐,袖克夫若是海水纹,则海水纹朝开口。

大袖为一整片,里子面料与滚边颜色相同,将里子的缝头沿袖片的轮廓线烫好后,与袖片之间用明线缝合。

袖子的结构为上压下,袖子总长为71.67~73.33厘米,上下袖片中线对准进行绗缝连结,明线缝在上片的刺绣中,距离大袖边缘约10厘米。完成袖子面子的缝合后,配上里子,袖子的里子为横纱,由于袖子上半部分里子上有绣花,所以里子的位置也需要对位,里子用包边的方式与袖子缝合,缝头约0.8厘米(图5-34)。

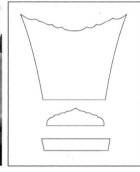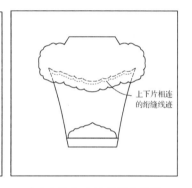

上下片相连的绗缝线迹

（a）拼接大袖和小袖　　　　（b）小袖袖口的组成　　　　（c）大袖和小袖的缝合位置

图5-34　袖子的制作过程

（七）其他部位的里子裁剪和包边

靠的里子在成合的过程中裁剪,需要手工包边的里子缝份只需留0.7~0.8厘米。制作好局部的组装以及配好里子后,将剩余的单片配上里子,如前马面、后马面、靠腿、下甲勾里,这些部位的里子有图案,在裁剪时需要注意图案的对位,以及裁剪护腋、鱼片、三尖的里子。

将所有的靠配好里子后送到手工包边处,用手针进行手工里子包边,包边前先沿里子边缘打上剪口,使包边时缝头可以翻平整。手针包边为单根线,针距0.7~0.8厘米,面上的线迹约为0.1厘米,里子的止口比面子的止口小0.1~0.2厘米(图5-35)。

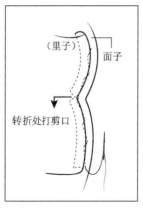

（a）手工包边的针法　　　　　（b）完成包边的部件

图 5-35　包边解析图

两靠腿对称,靠腿上的龙头向外,将飞尘放于靠腿之上,飞尘上龙头向内,飞尘和靠腿的中线对准重合。飞尘盖住靠腿的量为露出 90% 的靠腿龙纹为适宜,确定位置后用粘合衬固定。用白胚布裁一条长 71 厘米、宽 10 厘米的腰带,并留 1 厘米缝份,腰带对折,将两靠腿放置于腰带的两端,调整好位置后用粘合衬固定,将靠腿夹缝到腰带里,同时在腰带两端中间位置做上襻儿。

后马面的下端配有流苏,配好马面的里子后,将里子的缝份沿后马面廓形熨好,用明线绗缝上里子,同时把流苏夹于面子和里子中间。

（九）组装

里子的手工全部包边完成后,则进行最后的组装。组装前,将包边的里子熨烫以便使里子服帖平整。首先将后片上身与袖片联结,即把袖片夹缝到云肩两侧的里子和面子中间,袖片上的龙头朝后,调整好位置后用粘合衬固定,用明线沿滚边的里侧绗缝固定。

随后连接前上身,即云肩和前上片。沿前上身中线在上端剪开 1 厘米,左半边将里子和面子的缝份内扣绗缝封口,此处留开口方便穿着套头。右半边用夹缝和云肩相连,与袖片的缝合方式相同。

接着连接前片上身和前马面,前马面上覆盖鱼片,注意前片上下身中缝的对齐,前马面和鱼片夹缝于靠肚和里子中间。

衣身最后连接后下片,共四片:后马面置于最下层,两片下甲勾里压于后马面的两侧,微微向外张开,成扇形;最上面是如意头,用双面粘合衬固定每一层位置,夹缝于靠腰中。这四片只固定在靠腰部分,都是活页,能够打开(图 5-36)。

150

（a）确认臀帘位置　　　　　　　　　　（b）拼接完成

图 5-36　拼接下身过程图

在整体衣身组装完成后,用手针固定护腋和直角扣。护腋固定在后背片上,在第四个海水纹底的凹陷处。男大靠需钉 9 个直角扣,位置分别为前领竖开口 2 个,前领横开口 3 个,左右袖克夫各 2 个(共 4 个)。直角扣长为 6 厘米,扣眼对折后长 6.3 厘米(扣眼的总长为扣子的 2 倍再加 0.3 厘米扣子头长度)。

（十）靠旗的制作

首先将旗面滚边并手工包边,将旗飘带绗缝,缝好后用镊子辅助翻折到正面进行整烫,把旗杆套的缝份向内翻折,用蒸汽熨烫服帖,将两头缝份先折光绗缝。各部件完成以后进行靠旗的组装,飘带和旗面分别夹缝在旗杆套开口一侧,两者间距约 1.5 厘米,上下两端留出相同距离,绗缝边距约 0.2 厘米,旗杆套的两端不缝合。靠旗不与大靠衣身相连,穿着时插于背虎壳中。背虎壳为牛皮手工制作,用时背于后背。

三、女大靠的制作

女大靠的结构部件相较于男大靠更为复杂,主要区别在三个部位:其一,男大靠前胸为整片,前中开口;而女大靠前片由两个部分组成,右肩前开衣襟。其二,女大靠袖子分为三层,从肩部至袖口依次覆盖。其三,女大靠下身较男大靠更复杂,后身从里到外的顺序为后马面、飘带(均匀布于马面两侧)、臀帘;前身从里到外为大马面、飘带、小马面(鱼片)(图 5-37)。

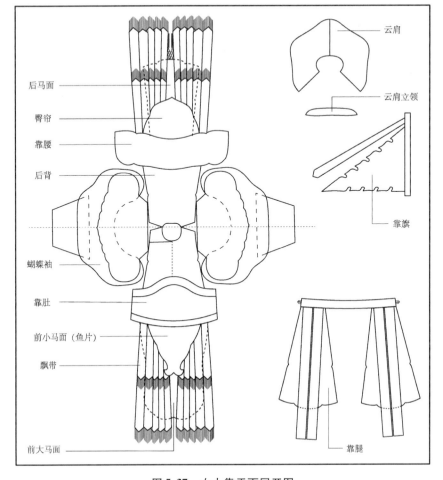

图中标注文字：

云肩
云肩立领
靠旗

后马面
臀帘
靠腰
后背
蝴蝶袖
靠肚
前小马面（鱼片）
飘带
前大马面

靠腿

图 5-37　女大靠平面展开图

女大靠是剧装中为数不多的体现了肩斜度的款式。从前为平肩款式,穿着时显肩宽臃肿,后为了使其穿上更修身且显精气神,苏州地区的传统做法是在女大靠的肩部采用西式裁剪,使其贴合人体肩膀的斜度。有单独的云肩,云肩同样体现肩斜度,配立领,立领一圈滚边,领座底边夹缝云肩领圈。云肩边缘装网格流苏,后马面下边缘同样饰有网格流苏;裙飘带装有短流苏装饰,前大马面一般无流苏(表5-2)。

女大靠与男大靠的制作方法基本相同,要通过绷片、刮浆、裁片、滚边、装里子和组装等工序来完成。

表 5-2 女大靠结构与制版

部位	主体尺寸	部件版型与尺寸
云肩		
前身		

部位	主体尺寸	部件版型与尺寸

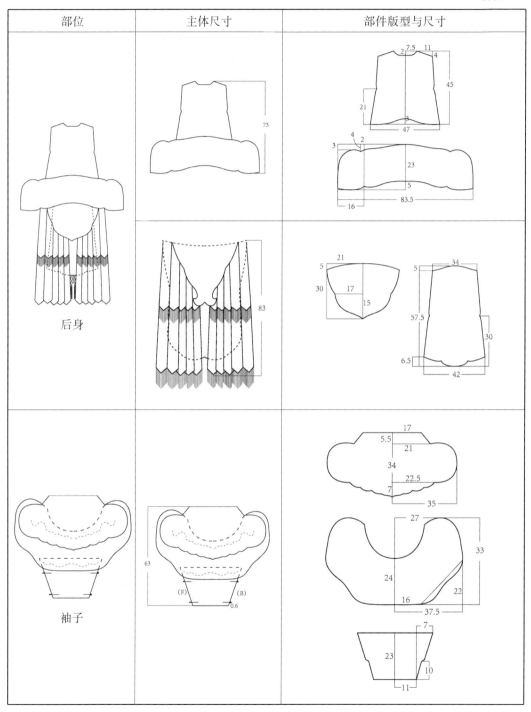

后身

袖子

部位	主体尺寸	部件版型与尺寸
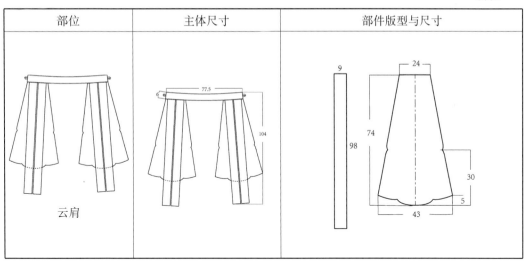 云肩		

女大靠的袖子因形状如展翅的蝴蝶而称为蝴蝶袖。结构与男大靠不同,分为上、中、下三片,覆盖顺序为上压中,中压下(图5-38)。三片的连接方式与男大靠相同,用与绣花相同颜色的线在纹样上绗缝连接,拼合的线迹与袖片上的纹样走势保持一致。袖长总长为63厘米。袖克夫上装两个直角扣,位置靠近袖克夫上下两侧,距边缘约0.6厘米,扣眼装于前侧,扣头装于后侧。女大靠的扣子尺寸小于男靠,长度约为5.5厘米。

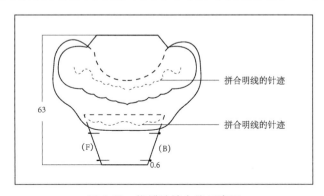

拼合明线的针迹

拼合明线的针迹

图5-38 蝴蝶袖缝合线示意图

女大靠下半身的鱼片尾部用绣花代替男大靠相同位置的虎头,前后下半身分别有长飘带10根,短飘带10跟,分别排开在马面之上,飘带排列时,中缝处空开一个飘带的距离,外片依次压住内侧片,微微成放射状向两侧打开,飘带形成的下摆弧度微微起翘。前片排好后盖上鱼片,后片排好后盖上后臀帘。前后下半身的飘带均为左右对称,在一层层叠放时需要及时用双面粘合衬固定位置,定型后先用手针将两排飘带与马面固定,使其在后面的缝制过程中保持平整,后下半身的形制与前下半身基本相同,衣身的总长在156厘米左右(图5-39)。

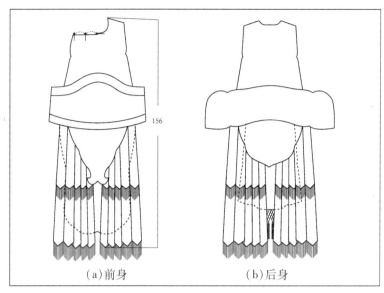

(a)前身　　　　　　　　(b)后身

图 5-39　女大靠前后身拼合示意图

第四节　褶子的制作技艺

一、男褶子的结构分析

男褶子亦是传统十字形平面裁剪,前后身相连,右衽大襟起始于左颈侧点,止于右裉下,配大斜领。男褶子的裁片分为大身 1 片、里襟 1 片、袖子 2 片、领子正反各 1 片(总 2 片),在斜襟底端和裉下各有 1 根宝剑头飘带(共 2 根),水袖 1 副,以及配套的里子。男褶子前片的里襟和大襟里子均有图案,制作时需要对位。

褶子在裁剪时上下、左右十字形对折,领口中心为对折线的十字交叉点,默认的裁剪尺寸为对折后的平面尺寸。男褶子衣长 150～155 厘米,挂肩长 38 厘米,胸宽 30 厘米(一周为 120 厘米),下摆宽 45 厘米(一周总长 180 厘米),起翘 5～6 厘米,侧缝在裉下 23.3 厘米起开衩。门襟经过前中线时与横中线距离为 18 厘米(即前竖开领为 18 厘米),至右裉下 6.5 厘米终止。袖子总长(出手)为 105～107 厘米,袖口宽 45 厘米(一周 90 厘米),袖口底端封口,留 33.3 厘米开口。褶子里襟不到前中线位置,里襟上端距前中线 3.3 厘米,里襟下摆距前中线 6.6 厘米。横开领宽 15 厘米,后领口深 2.5～3 厘米。宝剑头飘带长 30 厘米,上端宽 1.5 厘米,下端宽 3 厘米。男褶子领子宽 9 厘米,斜襟部分弯曲,里襟部分为直领,纱向与直领部分平行。宝剑头飘带长30厘米,上端宽1.5厘米,下端宽3厘米(图5-40)。

　　女褶子与男褶子的款式差异较大,对襟立领,以直角扣闭合门襟。女褶子的尺寸基本与女帔一致,由于领型不一样,女褶子的竖开领约7～7.5厘米,小立领宽约5厘米,长38厘米。此外,女褶子下摆宽幅小于女帔,为34～35厘米(一周为136～140厘米)。女褶子在制作工艺上与女帔相似,此处不再赘述。

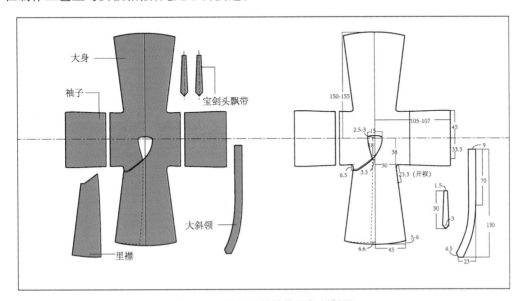

图 5-40　男褶子的结构图与制版图

二、男褶子的制作解析

(一)大身面子与里子的制作

　　先将做好刺绣的料子刮浆,褶子里子可用软缎。刮浆晾干后取下面料,将面子上下、左右十字对折,绣花面(正面),折在里面,大身里子同样十字对折,但正面朝外,将对折的面子和里子重叠放置(面子在上),同时进行裁剪。由于同时裁剪的层数比较多,且面幅较大,可用针在四角固定以免裁剪时面料滑动。随后裁剪斜大襟和里襟,斜大襟从前中线开始裁剪(左前身领子不裁剪),按照制版图的数据和造型将前片右侧裁剪门襟造型,同时裁剪面子和里子的里襟,分别用糨糊初步固定于大身的面子和里子上(图5-41)。里襟的下摆比大襟的下摆略短2～3厘米,可避免穿着时里襟露出下摆造成的不雅。

　　随后裁剪面子与里子的袖子,分别拼接大身的里子、袖子。男褶子多用自由纹样与团花,若是团花纹样,在裁剪时须注意团花的衔接(图5-42)。同时完成面子的里襟拼合以及里子的里襟拼合。

图 5-41　里襟的拼接(面子)　　　　图 5-42　拼合袖片团花

（二）合里子

男褶子和蟒袍虽然领型不同,但在结构上同属右衽带里襟的结构,所以大身的制作工序可参见蟒袍。分为三个步骤:首先将里子和面子正面相对,依次用糨糊固定前片面子和里子的侧缝(开衩以下)、下摆,里襟面子和里子的侧缝(开衩以下)、下摆、前中缝,后片面子和里子的侧缝(开衩以下)、下摆,以及黏合袖口的面子和里子(不封口部位),将黏合部位绗缝,并将缝份烫向里子一面,从领口将衣身翻回正面,再次做缝合部位的整烫。随后从腋下将大身翻成面子与里子反面朝外,面子的领口与里子的领口相对,沿横中线折叠(图 5-43),用糨糊固定袖底线和侧缝不开衩部位(共 4 层)并绗缝固定,绗缝时在右侧裉下夹缝一根宝剑头飘带。缝合后将裉下转折处缝份打剪口,从领口将衣身正面的袖子、大身、里襟翻出(图 5-44)。

图 5-43　翻成面子和里子反面朝外　　　图 5-44　衣身整体完成缝合

（三）领子的制作与上领子

领子裁剪为净样，一周用大缎斜料滚边，滚边颜色与绣花颜色相近。随后将领底弧线（与领口缝合的一边）和领头尖角的滚边翻折熨烫，稍加糨糊在反面固定滚边。领口弧线与领子里子相缝合，将领里的缝份向里折光熨烫。

在衣身的领口位置开领口，横开领为15厘米，竖开领为18厘米，剪出左边领口造型，将领子夹住衣片领口，用糨糊稍加定位，随后绗缝固定，在大领头部加入一根宝剑头飘带，与褪下的宝剑头飘带可打结固定门襟（图5-45）。

（a）上领子   （b）完成制作

图5-45　领子的制作

第五节　代表性戏衣与常用配件的制作技艺

一、代表性戏衣的制作

（一）官衣

官衣与蟒袍的形制相似，通用尺寸也基本相同。两者有两处不同：一是领子的结构与组装方法；二是蟒袍胸口为直接绣于面料上，官衣则前后身的胸口位置附加装"补子"表示身份，补子前后身图案相同。官衣整体刮浆，补子刮浆后须再附一层真丝衬来增加硬挺度。

补子一般为黑底，通常尺寸为长30厘米，宽40厘米，前后补子的形状大小相同。裁剪时注意补子图案一周的水路均匀,先用划粉画出补子大小,然后按所画矩形裁剪。补子一圈有滚边,滚边颜色一般为白色,滚边须用蒸汽熨斗翻烫平贴,并将直角转弯处用针锥翻到位(图5-46)。

 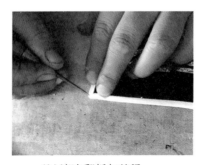 

（a）补子的滚边　　　　　　（b）滚边翻折与整烫　　　　　　（c）补子制作完成

图 5-46　补子的制作

在缝合里子前,将补子先缝制到前后身,补子的中线与衣身的中线重合,前身补子的高度约为横中线向下26.5厘米处,后身补子的高度为横中线向下20厘米处。用胶水稍加定位后,绗缝固定。

官衣大身的做法与蟒袍相同。官衣领口一周不做刺绣纹样,用领圈夹缝领口。领圈的面料与大身相同,为45°斜纱。领圈折叠后宽5厘米,其中里层比外层略宽0.2厘米。将领圈的通道口如蟒袍领圈一样填充白胚布,随后将领圈烫成圆弧,并将领圈固定领口形状熨贴定型(参考蟒的领圈定型)。手针缝领子前,开好领口,将领圈用手针定位在领口,从后中起,分别向左右用来回针在面上固定领圈,领圈表面留的针迹约0.2厘米。后中夹缝一个襻,左颈侧点处和领圈的大襟边口各缝一根飘带(图5-47)。

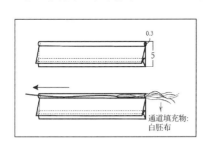 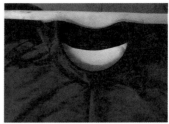 

（a）领子结构与填充白胚　　　　（b）领子假缝定位　　　　（c）领子制作完成

图 5-47　上领子

（二）八卦衣

八卦衣形似开氅,侧缝、下摆、袖口均有镶边,镶边需滚边。镶边较硬挺,需要绷片刮浆,刮浆后烫一层厚度适中的粘合衬,再次刮浆,八卦衣前后的八卦图同样操作,步骤同靠的刮浆上衬程序。八卦衣的衣身柔软飘逸,绷好片后在刺绣部分刮浆即可,不需要上衬。

八卦衣衣长 150～155 厘米,出手 107 厘米,袖口宽 45 厘米,挂肩为 41.5 厘米,腰宽 33 厘米(腰围周长 99 厘米),腰间有装饰腰带,宽 7 厘米,腰带后片与衣身后片水平缝合,前片在前中位置有一个下落,下落垂直距离为 6 厘米,再垂直连接上飘带,飘带长度与下摆齐平。下落的目的是为了给胸前八卦图案留出足够位置。腰带有滚边,滚边颜色与下摆袖口滚边颜色一致。缝好滚边并翻折熨烫后,前后分开缝合。腰带位置紧挨挂肩下端,横向明线绗缝,纵向飘带不缝合。八卦衣的上身前后分别有一个八卦图案,前八卦圈直径约为 25 厘米,后八卦圈直径约为 26 厘米。八卦圈的圆心分别在前中线与后中线上,下端距腰带边 2 厘米。定好位后用针固定位置,明线绗缝固定。在所有工序完成后,闭合前后片侧缝,闭合的长度为从腋下向下 23 厘米。

(三)百褶裙与大褶裙

百褶裙有前后内外共四个裙门,平铺时,可以呈现三个裙门(有一个压于马面下),穿着时两两重合,因此仅可以看到前后两个裙门。穿着时外露的是外裙门,遮盖在里面的是内裙门,外裙门即马面,位于前后,位于人体前部的为前马面,位于人体后部的则是后马面。百褶位于两侧,褶裥部分称为"裙胁",主要分为细褶和大褶两种。细褶上窄下宽,褶裥背面用丝线手工穿钉起来,褶裥数量能接近 100 个,裙胁样式为大褶裥的马面裙,也称为"大褶裙",苏州也称"大裆裙"。主要纹样分布于马面膝盖位置或马面一周,百褶部分纹样坠于下摆部分。制作时,马面和百褶分开制作,最后与腰头拼合,腰头为棉布,白色居多,取"白头偕老"之意,两端缝缀有襻,用以系带(图 5-48)。

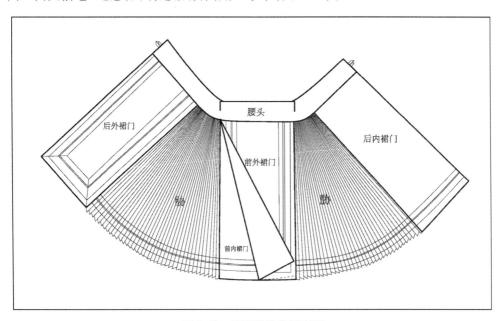

图 5-48　马面裙结构示意图

1. 裙胁的制作——鱼鳞百褶

苏州制作的百褶裙的裙胁一般分为两种,一种为鱼鳞百褶,一种为大褶裥。两种褶都以中心线对称排列,褶裥开口朝向中心线。

鱼鳞百褶的制作程序较为复杂,分为烫褶、缝褶裥、褶裥定型三个步骤。首先将做好刺绣的裙胁烫平行褶,烫褶前,用尺从裙胁的一侧边起,量出上下端褶的宽度,约3.33厘米,薄面料的褶宽度可以做成2.5厘米宽,上、中、下分别做好褶宽的标记点。从裙胁的其中一侧边起,以上下对应的标记点为参考,折叠裙胁,折叠时正面朝里,反面对外,保持纱向的水平,并用珠针在标记点上同时固定上下两层面料,烫褶时参考中间的对应标记点,保证所烫褶是直线。百褶的面料厚薄不同,绉缎伸缩性较大,纱向易被改变,所以在烫褶时,需要连续固定上下三排褶,以保证烫出的褶完全平行(图5-49)。

图5-49　裙胁制作——烫褶

烫好平行褶皱后,将裙胁左右对折,找到中线,在中线上下端做上对称标记。根据对称标记,用手针对称缝褶。由于最终的褶裥开口统一朝向中心线,所以在手针缝褶裥时,也是根据中心线对称缝制。每根缝线上端,距腰口10～14厘米处为单针,每针针距0.1厘米左右,缝线距褶皱的止口0.7厘米左右,缝线往下成一条斜线,往下逐渐靠近止口,下摆处,缝线与折痕的距离约为0.2厘米。在距腰口10～14厘米起,手针为两短针一长针的方式缝制,并且相邻的缝线的长短针位置错开(图5-50)。缝合完成后,轻微展开面料,正面呈现鱼鳞状(图5-51)。

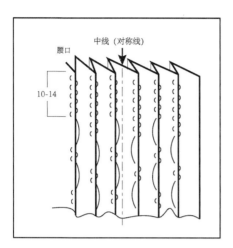

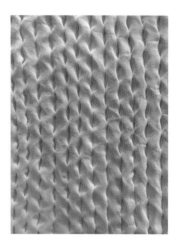

| 图 5-50　百褶缝制的行针示意图 | 图 5-51　百褶缝好后拉开的状态 |

图中标注：腰口；中线（对称线）；10-14

　　完成手针缝线后,进行烫褶。烫褶时,先用划粉在烫台上画出大约的下摆弧线轮廓线,弧线长度约为 108 厘米,标记中线点。将裙胁的中心线放到所标记的中心点上,从中间往两侧逐次固定下摆的褶皱止口,随后从腰口拉紧褶皱,腰口的花线约长 15 厘米,使其呈放射状,并用钢针固定。上下都固定好后,裙胁呈扇形,左右褶皱的开口均朝向中线,褶皱总数将近 100 个(图 5-52)。用熨斗释放蒸汽熨烫,熨烫后冷却静置数小时使其定型,方能取下(图 5-53)。

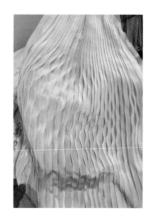

图 5-52 鱼鳞百褶烫好后静置定型

图 5-53　定型后鱼鳞百褶的
自然打开状态

　　2. 裙胁的制作——大褶裙

　　大褶裙的褶裥部分结构上是双重的工字褶,工字褶宽约 16.5 厘米。烫褶前,先在上下标记好褶皱宽度,并找到工字褶中线。烫褶时,与鱼鳞百褶相似,用钢针固定上下对应的标记点,使其纱向固定。烫好褶裥后,在腰口用少许糨糊固定,用手针固定褶裥的止口,以方便接下来的工艺操作。

3. 拼合马面和裙胁

马面的一般尺寸为上边27厘米,下边29厘米,上下边均略有弧度。图案位于马面中下部位。马面若有滚边,则先将滚边缝到马面的左右侧和底边三周,并熨烫平整。

将烫好的裙胁取下定位钢针,在裙胁与腰头相拼的缝份处烫上粘合衬条,做简单的固定。马面和裙胁分为两组,裙胁分别拼合于马面的右侧边。

4. 群面与腰头的组合

组合时,右压左(即右组合在上),右马面的左侧线贴紧左裙胁的褶皱,放好位置后,用少许糨糊在腰口处稍作固定。腰口线总长约110厘米。

腰头宽6厘米,长与裙面组合后的腰口总长相同。将腰头的缝份线折光烫平整。将裙面的腰口用少许糨糊固定于腰头中,用明线夹缝裙面。在腰头的两端,各有一个襻,穿着时用来穿线系带(图5-54)。在缝制时,控制左马面的长度比裙长多0.5厘米左右,以确保穿着时马面可以完全盖住里面的裙门(图5-55)。

图5-54 马面、裙胁与腰头的缝合　　　图5-55 完成制作的马面裙

二、剧装配件的制作

(一)水袖

水袖的面料一般为杭纺或绉缎,需要考虑具体人物角色,杭纺质地相对偏硬,有厚重感,绉缎相对柔软,表现起来更飘逸轻盈。水袖一般为单层,如有特殊要求则做两层。一般女款水袖长为70厘米,宽34厘米(对折后);一般男款水袖长为43厘米,宽33厘米(对折后),如有特殊要求则按要求长度制作。水袖袖口和侧缝均为开口,纱向一般与袖口平行。

在袖口缝制水袖前,先将水袖四边卷边,卷边后对位水袖中线和袖中线,并用针固定。从水袖的其中一端开始用平针固定在袖口处。缝制时,两端的缝份逐渐变窄,中间段缝份通常为1厘米(图5-56)。

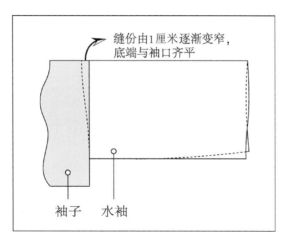

图5-56　水袖缝合于袖口的示意图

图中标注：缝份由1厘米逐渐变窄，底端与袖口齐平；袖子；水袖

（二）直角扣的编结与钉缝

直角扣是剧装中通用的明扣，也是中国古代服饰中最常用的扣子形式之一。其颜色多样，一般与所配的领圈滚边颜色相同，材质也与滚边配套，一般为软缎，按斜纱裁剪0.9厘米宽的丝带条子，从反面对折后，在靠近对折线0.3厘米的位置绗缝，随后用手针辅助翻到正面，做成饱满的丝带圆柱形条带。盘口在翻面子前，先将里子面在蜡上摩擦使其滑爽，在翻的时候会更好操作。

扣子由两部分组成，一边是扣眼，一边是纽扣，扣眼将丝带条子对折即可，纽扣圆头打结由一根条子完成，需要用镊子辅助，具体操作步骤如图5-57所示。

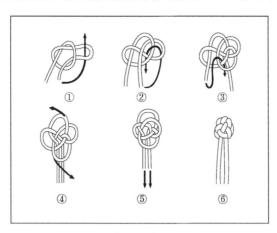

图5-57　直角扣的打结分解图

按扣子的长度剪好后开始手工装钉扣。钉扣子时将扣头反向放，将两脚固定于衣襟的适合位置，固定好后将扣头翻折至衣襟边缘，用手针圈缝法固定（图5-58）。扣子头露在衣襟的外边缘。扣眼的做法同扣子，扣眼露出与衣襟边缘0.3～0.4厘米为适中，可以

使两边衣襟正好齐平闭合,若扣眼露出太多,扣上扣子后会有缝隙,影响美观。

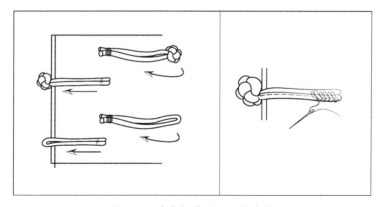

图 5-58　直角扣的手工固定方式

第六章

苏州剧装佩饰的制作技艺

剧装的配饰指与戏衣成套搭配穿戴的饰品,主要有头面、冠盔、巾帽、鞋靴,它们因形制不同而有各自不同的制作工序,相同的是,这些配饰基本均为手工制作。配饰的装饰性和艺术性都由不同的工艺体现,巾帽和鞋靴主要体现在刺绣上,冠盔和头面主要体现在绒球、抖须、沥粉、点翠(点绸)等工艺上,其中,点翠是我国历史上由来已久的工艺,在工艺史上有着特殊的地位。

第一节 头饰中的点翠与点绸

点翠是头面、冠盔上极富有装饰性的工艺,常见的点翠配饰有发簪、步摇、发钿、发钗、凤冠、皇帽、金貂等冠盔。点翠作为传统技艺,在明朝已有确切的文字记载,深受上层阶级和百姓的追捧。20世纪八九十年代,因翠鸟被列为保护珍禽,点翠这项历史悠久的传统技艺正面临失传的困境。

一、传统点翠技艺

传统点翠技艺以金、银、铜、鎏金等金属材质为托底,在其表面通过有规律地剪贴工艺排列翠羽形成流光幻彩的装饰,是羽毛工艺与金属工艺的完美结合。翠羽即翠鸟羽毛。所谓流光幻彩,是指翠鸟羽枝内部特殊的蜂窝状物理结构使光波在羽毛内部发生干涉而形成结构色[1],从而表现为不同光线下呈现的色彩流变,如雪青、湖蓝、宝蓝、青莲、藏青等色彩。

东汉许慎的《说文解字》中对翠鸟就有记录:"翠,青羽雀也,出郁林。"[2]翠鸟属于中型水鸟,因背部、尾部、翅翼和面部的羽毛翠蓝发亮而称为翠鸟。翠鸟喜好独居,对生存空间要求极高,无法进行规模养殖,在我国主要分布于华南、西南,在东北、华北、华中、海南以及台北也有少数分布,这在历史上亦有文字佐证,如《华阳国志》记载:"(益州西部)金银、琥珀、犀象、翠羽所出。"[3]《建宁府志》述嘉靖十一年(1532年)岁办上供"翎毛一万八千根,翠毛四十八个"[4]等。

从韩偓(844—923)《翠碧鸟》中描述的"天长水源网罗稀,保得重重翠碧衣"可

① 许晓东,童宇.中国古代点翠工艺[J].故宫博物院院刊,2018(1):71.
② [东汉]许慎.说文解字[M].[宋]徐铉,等,校.上海:上海古籍出版社,2007:166.
③ [晋]常璩.华阳国志校补图注[M].任乃强,校注.上海:上海古籍出版社,1987:561.
④ [明]夏玉麟,汪佃.建宁府志[M].福建省地方志编纂委员会,整理.厦门:厦门大学出版社,2009:298.

知,古人以"网罗"(捕捉鱼、鸟的工具,以网捕物)捕获翠鸟,后因捕捉后的翠鸟须经长途运转容易造成死亡,捕获后便即以盐硝(氯化钠与硫酸钠混合物)封干,以保证翠羽质量。

二、点翠溯源

点翠文字最早出现于明代《天水冰山录》中罗列的"金厢玉点翠珠宝首饰一副"[1],但以翠羽为饰早在战国时期已有记载,《韩非子·外储说》楚人"买椟还珠"故事,将"木兰之椟"描述为"缀以珠玉,饰以玫瑰,辑以翠羽"[2]。至宋代,翠羽饰品已在皇室和贵族中广为使用,但因点翠属奢华饰品,民间尚未普及。宋仁宗皇后像所绘凤冠为青绿色,点缀珠穗,可推断"铺翠"工艺的真实性(图6-1)。1958年7月,从定陵出土的明代万历皇后(孝端、孝靖皇后)棺中的四顶凤冠中,九龙凤冠包含了掐丝、镶嵌、錾雕、点翠等工艺,冠体以髹漆细竹丝编制,通体饰点翠如意云片,冠体前部饰一对点翠飞凤,冠背面垂饰左右对称三扇(总六扇)博鬓,点翠地,嵌金丝龙纹与珠花(图6-2)。点翠工艺在明代的发展可见一斑。清代,点翠饰品开始普及,且出现了金属胎器以外的纸质胎器,除皇家造办处外,在北京、上海亦出现了点翠金、银、铜、纸胎首饰物。这种悠久流传的饰翠手工艺饰品,糅艳丽与拙朴于一体,既体现了手工造艺的精巧高超,又体现了注重细节、含蓄典雅的审美特质。

图6-1　宋仁宗皇后像
(台北"故宫博物院"藏)

图6-2　定陵出土的明万历皇后凤冠
(源于《北京文物精粹大系·金银器卷》)

---

① 中国历史研究社. 明武宗外纪[M]. 上海:上海书店出版社,1982:54.
② [清]纪昀. 纪晓岚文集:第三册[M]. 孙致中,等,校点. 石家庄:河北教育出版社,1995:183.

诗人陈子昂曾为翠鸟发出感叹："多材信为累,叹息此珍禽。"①清末民初,一方面,由于点翠饰品的需求激增,翠鸟遭到灭亡性捕杀,翠羽日渐稀缺,甚至需要从东南亚高价购入,致使点翠饰品价高而稀珍;另一方面,由于西风东渐,女性逐渐以低价格而款式新颖的烤蓝工艺饰品代替点翠饰品,流传千年的点翠饰品逐渐退出社会主流,唯有在戏剧头面和盔帽中得以传承与发展,是演出必备的行头。因我国已经将翠鸟列为保护珍禽,严禁捕杀,现多以点蓝绉缎或其他禽羽染色代替翠羽制作饰品。

三、点翠与其替代工艺

明清时期,皇家在苏州设立织造府(现为苏州第十中学),宫廷戏剧演出所用的行头多由苏州织造承办。苏州剧装戏具行业一直承袭明清以来的传统工艺,头面与盔帽中诸多款式涉及点翠工艺。

1989年发布实施的《国家重点保护野生动物名录》将蓝耳翠鸟、鹳嘴翠鸟列入国家二级保护动物,严禁捕杀,点翠工艺失去了主要原料;2000年发布实施的《国家保护的有益的或有重要经济、科学研究价值的陆生野生动物名录》将普通翠鸟也列入其中;2013年,世界自然保护联盟更是将所有翠鸟种类均列入濒危物种红色名录。这些文件的颁布实施使得点翠成为"无米之炊"。

点翠手艺濒危的形势下,点翠工匠也曾尝试以其他羽毛替代,如家禽羽、孔雀羽等。家禽羽在质感、色泽、密度上都与真翠羽相差甚远,且鸡羽过于蓬松,染色后易褪色,野鸡羽色过重无法染色,鸭羽、鹅羽油性过重无法着色。孔雀羽虽色感接近翠羽,但羽毛过于蓬松,剖面轻薄,且遇水易起翘脱落,无法有效制作。最终采用彩绸(多为蓝色绉缎)替代翠羽,以延续这一工艺形式,但在工艺的质地与色彩上,均无法匹及点翠效果。

(一)戏剧头饰中的点翠工艺

传统戏剧头饰中的点翠工艺,主要流程包括设计、制胚胎、选翠、排翠、裁刻和粘贴。制作中,除了饰品的胚胎和完好的翠鸟标本以外,还需要准备的材料有彩绸、光片、骨胶、植物油;点翠所用的工具有毛笔、剪刀、刻刀、水盂、电炉、蒸锅、漆板等。(图6-3)所对应的用途如表6-1。

图6-3 点翠材料与工具(部分)

---

① 李荣森.传统戏曲头饰点翠技艺的传承与发展[M].苏州:苏州大学出版社,2018:79.

表 6-1　点翠所使用的主要工具与材料以及作用

	名称	作用	备注
材料	金属胎器	点翠的载体（头面和盔帽）	各自有独立的工艺
	翠羽	选翠制作	20 世纪 60 年代后被蓝绢缎替代
	骨胶	热熔后用于定翠和粘贴	旧时用明胶
	植物油	清洗翠羽	
	彩绸	用于点缀凤尾、蝴蝶斑	绢缎居多，主要有蓝、红、黄色
	光片	用于点缀凤尾、蝴蝶斑	
工具	粉笔	拓画图稿、"堆灰"工艺	
	毛笔	描图、粘胶	描图毛笔为普通毛笔，粘胶毛笔为两头用（一头为毛，另一头呈钝头圆锥形，辅助粘翠）
	剪刀、刻刀	裁切翠羽和彩绸	
	水盂	盛装和稀释骨胶	
	电炉、蒸锅	加热溶解骨胶	
	漆板	排翠、刻翠时垫用	
	玛瑙刀	刮青	增加光泽，固色

　　点翠饰品的胎器一般与剧种角色特质相符。女子使用的头面有发簪、步摇、发钗等，造型以凤、花卉、蝴蝶、蝙蝠为主。男子所涉及的点翠装饰主要为盔帽，如金貂、皇帽等，盔帽以纸板为胚胎，在胎体一周和内部以铅丝掐出造型纹样，喷以金漆（或银漆）封层。女子头面的胎器一般为银或铜，制胎时，先以金属薄片制成造型底座，简单的胎器用压冲工艺，高端精致的胎器工艺较为复杂，主要有掐丝、錾凿、累丝、镶嵌、焊接等。掐丝是以镊子辅助将有韧性的金属丝按照设计的造型，通过弯曲、拗、折、翻等塑成所需形状。錾凿是用小榔头和凿子在金属表面通过雕凿、剔地而形成凹凸的纹样。累丝更为复杂也更为精巧，首先将金属丝编成螺旋绞股状或网状，再用高温焊接于胎器上；制作立体累丝，则需"堆灰"，即将碳石研磨成粉，以白艾草泡制的黏液调和进行造型堆塑，在堆塑的造型上进行累丝焊接，累丝成形后以高温（置于火中）烧化碳模，得到累丝立体造型（图 6-4、图 6-5）。

171

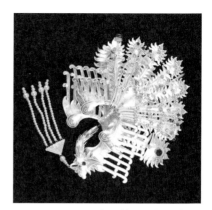

图 6-4　正在做胎器的师傅　　　　图 6-5　点翠的正凤银胎

（拍摄于苏州剧装厂）　　　　　　　（苏州剧装戏具厂）

　　为保证点翠的品质，在点翠前，首先须进行选翠。翠鸟不同部位的羽毛根据毛的软硬程度分为硬翠和软翠，其色泽和毛的细腻程度均有差异。硬翠指翠鸟翅翼和尾部的羽毛，行内将翅羽叫"大条"，尾部则叫"尾条"，一只翠鸟仅可取到 20～30 根羽毛，淘汰率极高；软翠为颈部、背部羽毛，其质地蓬松细软，也叫"翠茸"，其点粘、排翠技艺要求更严苛。

　　选定翠羽后进行排翠，行内也称"定翠"。定翠前须整理翠羽，即修剪受损羽部，对沾染脏污的羽部以毛笔蘸取加温的植物油顺着羽毛的走势清洗。随后将骨胶稀释轻薄，用毛笔蘸取骨胶，在羽毛上薄而均匀地顺着羽毛走势涂刷，行内称"上胶"。骨胶中含有丰富的蛋白质成分，而蛋白质也是羽毛中重要的物质成分，用骨胶来上胶可以使胶和羽毛达到很好的契合，使翠羽纹理更紧凑，在裁刻和粘贴时不易分叉，且能够增加翠羽的光泽度。翠羽虽都为蓝色，但即使是取自同一只翠鸟的羽毛，羽色也不均匀，为方便粘翠时颜色的选择，在上胶后须按照羽色的过渡顺序排列于光洁的漆板（案板）上，等待骨胶干透。

图 6-6　翠羽的裁刻　　　　　　　图 6-7　翠羽的粘贴

　　裁刻和粘贴同时进行。裁刻翠羽时将所要点翠的胎器放于手边，观察胎器所需要填翠的造型，根据其造型进行相应的裁刻，随后用白胶水刷于胎器表面进行逐个粘贴。翠羽在胎器上不仅要大小得当,还须兼顾色泽的和谐过渡以及羽纹的走势,羽纹的走势须保持一定规律,才能够使其受光时呈现出统一的色泽变化(图6-6、图6-7)。

点翠的最后一个步骤称为"刮青",即用玛瑙刀将贴好的翠羽顺着纹理轻轻刮磨。刮青可以使翠羽的色泽更加鲜亮,同时还可以延长翠羽的色彩固色时间,甚至永不褪色(图6-8、图6-9)。

图 6-8　银胎点翠正凤钗(仿翠)

苏州剧装戏具厂制作(李荣森提供)

图 6-9　金貂点翠(真翠)

苏州剧装戏具厂收藏

(二)烧蓝与点绸工艺

明末清初,翠色和雪青色的翠鸟羽毛已非常稀缺,此时烧蓝工艺饰品虽肌理与幻彩度不及翠羽鲜活,但在色泽的鲜艳度和层次的丰富性上有其优势。烧蓝是继点翠工艺后,新兴的"点蓝施色"工艺与"金属制胎"工艺相结合的手工技艺。

烧蓝又称为"点蓝",因这种工艺只能烧于银器表面,所以也叫"烧银蓝""银珐琅"。在13世纪末,首先由意大利工匠发明,后在雍正年间传入中国。烧蓝工艺是在银质胎器上敷以珐琅釉料,经800度高温烧制使釉料熔化为液体,冷却后成为固体色釉,经过4~5次反复烧制,釉体与掐丝纹高度持平方才完成。清朝时,烧蓝的釉色已有宝蓝、天蓝、嫩绿、红、黄、白等颜色,我国传统的景泰蓝工艺与烧蓝相似,但由于蓝料成分不同,烧蓝制品的成色较景泰蓝更为透明、晶莹(图6-10)。

只能在银器上烧制的局限性,使烧蓝虽有色彩鲜艳而透明的观赏性优势,却不能用于戏剧行头的胚胎制作,因为其不采用银质,而采用纸、铅丝、铁纱网而贴金箔或银箔(现改用喷银漆或金漆),无法满足烧蓝的高温要求,所以烧蓝多数在银首饰、银器皿、小摆件等生活小物件中被使用。而在戏剧行头中,则以"点绸"取代点翠工艺。

点绸工艺的配件要求与点翠一致,只是将翠羽换成相近的蓝色真丝绸缎,也以白、黄、红色绸缎为辅助,绸面为正面。首先观察需点绸的部位与形状,用刻刀将蓝色绸缎刻出相应的形状,以毛笔刷白乳胶黏合,并将白乳胶擦拭干净。例如龙鳞纹的点绸,通常以蓝绸缎为主,以白色和红色绉缎刻出龙麟的轮廓,层层叠加,以显层次丰富(图6-11)。

图6-10 银鎏金花丝烧蓝百宝嵌茶叶盒

(民国时期)

图6-11 点绸工艺(皇帽部件)

第二节 代表性盔帽的制作技艺

盔帽的整体结构一般分为帽底胚胎和装饰部件两大部分。制作时,由于盔帽部件繁多、制作工序复杂,一般由多个师傅同时分工制作。

一、皇帽的制作技艺

(一)皇帽的结构分析

皇帽的帽胎分为前后两部分,前部称为"额子",后部叫作"帽"。这两部分的材料为牛皮纸板,都分别镂有龙纹、卷草纹或如意头纹样。额子与帽体以帽体两侧所装皮配为连接口,额子插入皮配,可以调节帽口围度的大小(图6-12)。

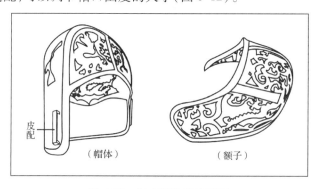

皮配

(帽体)   (额子)

图6-12 皇帽帽胎的分解图

174

皇帽在额子和帽体的框架上有丰富的装饰部件。前额有点绸香草头口与二口,二口装饰抖须 6 对与龙圈抖须 2 对,额子正中为寿字面牌和橘色大绒球,额子与帽体相接处有过桥,过桥两侧装饰圈抖须,帽体正面加饰点绸群龙面和橘色大绒球,帽体背面为点绸后竖翅(朝天翅)1 对,帽体两侧垂挂真丝穗(图 6-13)。皇帽以纸板为胚样制版,制版数据如表 6-2。

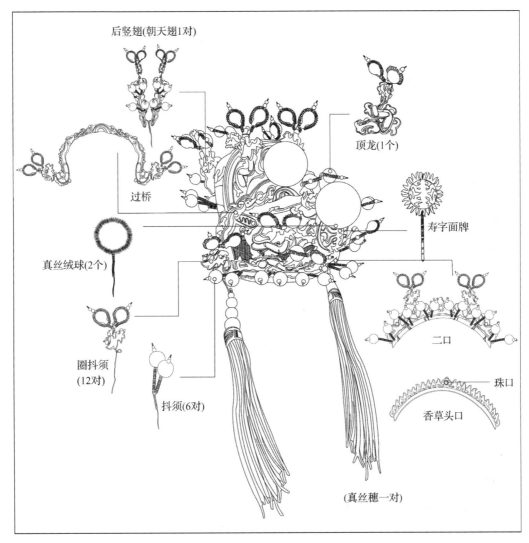

后竖翅(朝天翅1对)

顶龙(1个)

过桥

寿字面牌

真丝绒球(2个)

二口

珠口

圈抖须
(12对)

香草头口

抖须(6对)

(真丝穗一对)

图 6-13　皇帽部件展开图

表 6-2　皇帽的结构与制版

部件实物与名称	样式	版型	备注
后身			2 片
			2 片
额子			2 片
（香草）头口			2 片
过桥			2 片

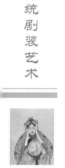

苏州传统剧装艺术

部件实物与名称	样式	版型	备注
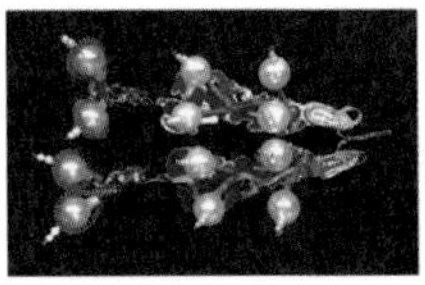 后翅(朝天翅)		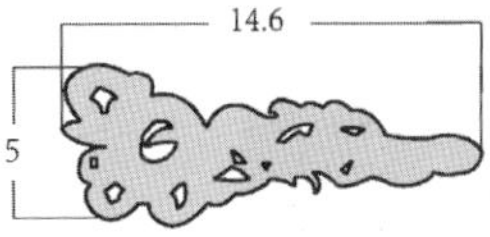 14.6 / 5	2片
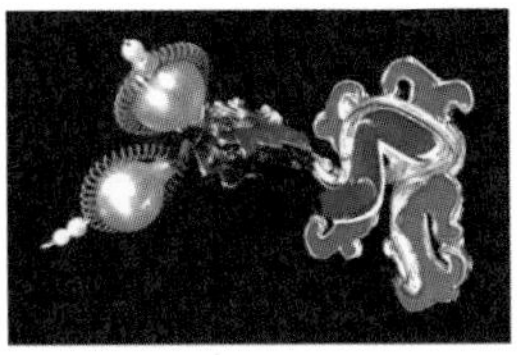 顶龙		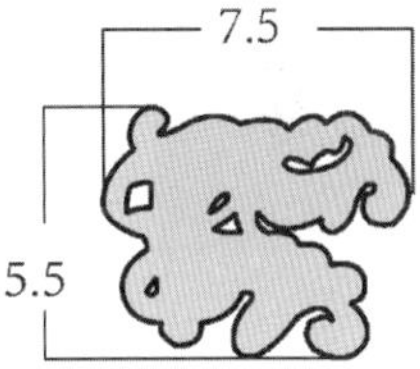 7.5 / 5.5	1片
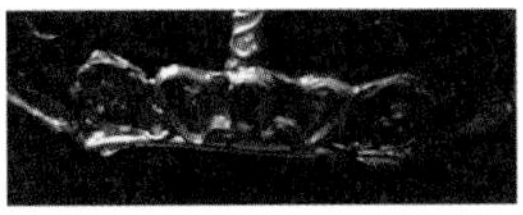 后口		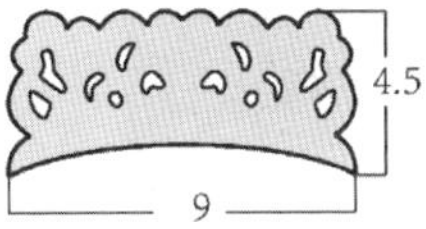 4.5 / 9	1片
 寿字面牌		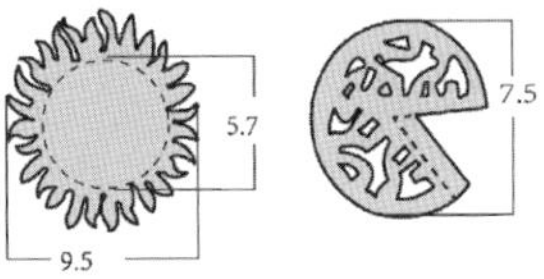 5.7 / 9.5 / 7.5	各1片
 抖须(珠)	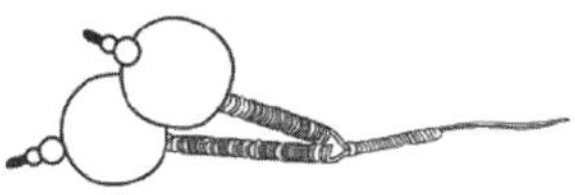	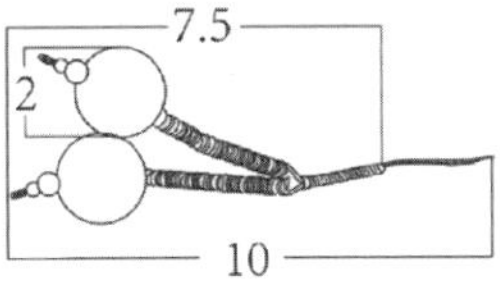 7.5 / 2 / 10	共6对

第六章　苏州剧装佩饰的制作技艺

177

部件实物与名称	样式	版型	备注
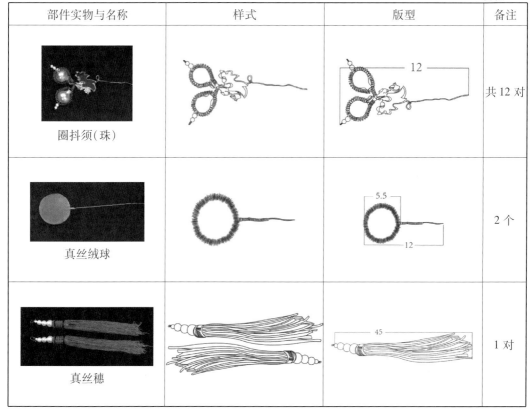 圈抖须(珠)		12	共12对
真丝绒球		5.5 / 12	2个
真丝穗		45	1对

（二）皇帽的制作解析

1. 描样与镟活儿

描样也称为"喷花纹"，即将所做帽子需要的版型和纹样样板放在硬纸板上稍做固定，用牙刷蘸取少许墨汁后，用手指或细木条刮牙刷，使墨汁飞洒到样板一周，形成完整图案。现有用复写纸代替此种方法的，将复写纸置于样板和纸板之间，用笔沿着样板的轮廓线与内部纹样画一圈点，以点成线，将形拓印下来。

镟活儿，是将描好的样板连同隔纸一同用刻刀刻下来的过程，一般为四层硬纸板和四层隔纸重叠，用订书机固定后，一同刻下来。刻下的四层硬纸板和四层隔纸正常情况下可做两顶盔帽。隔纸是贴于制版内侧，用来保护铁纱网和铅丝的一层薄纸。前期所用的隔纸较薄，在制作过程中，经过敲打容易破裂，如今改用报纸做隔纸。报纸通常以80%以上的机械木浆和20%以下的化学木浆制成。这种成分使得报纸的纸质松软，有较好的弹性和柔韧性，也有以甘蔗渣浆、竹浆为主要原料的（图6-14）。

2. 拍铅丝、合铁纱网、贴隔纸与塑胚形

拍铅丝也称为"沿铅丝"或"掐丝"，拍铅丝多指在每个实心部件的反面边缘一周用20号铅丝沿一周，而沿铅丝多指在制作完成的坯样正面外缘用铅丝沿一周，以起到使部件挺括的作用。铅丝的黏合用烧熔的骨胶作为黏合剂，起头和收尾需重叠 10~15 厘米，以保证一周的完整性。沿好铅丝后，再次用骨胶封层加固。

根据不同纸板的需要，较大的且有镂空纹样的制版则在净样部分用"合铁纱网"的方法来增加硬挺度，例如员外帽的帽体、皇帽的帽体等。依照廓形裁剪相应的铁纱网，将纸板用骨胶贴到铁纱网上，随后将对应的隔纸刷上骨胶，合到与纸板对应的位置，与纸板的吻合度需要特别注意。黏合后，用带海绵的木槌在纸面上敲打，使其充分黏合。拍好铅丝和合好铁纱网之后的部件，需要在反面合一层隔纸，隔纸可以有效保护铁纱网和铅丝，避免在之后的工序中起翘。合好后用木槌敲击，使其充分黏合（图 6-15）。

图 6-14　做镟活的刻刀

图 6-15　贴隔纸

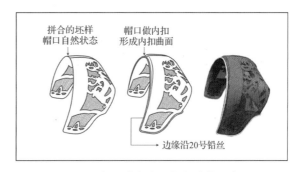

图 6-16　帽口内扣与沿铅丝结构示意图

将做好的样板按部位组装成皇帽的前后身坯样，在转角和隆起的拼合部位将毛缝打剪口，使其转角自然圆润。用骨胶黏合，骨胶黏合的优势在于烫活的温度合适时骨胶会再次软化，从而易进行造型修正。组装完成后，分别将前身的帽口边缘和后身的帽口边缘做内扣，使帽形饱满，并且在穿戴时不易滑落。用铅丝在盔帽坯样的一周拍上铅丝，使其进一步定型（图 6-16）。

3. 烫活儿和贴布

由于纸板较硬，在塑成坯形之后，转折处和弧面比较僵硬，需要用烫活儿来修正整体的造型，使接缝过渡自然，皇帽的帽形更加圆润饱满。如果是金貂，则需将转角烫得更加挺括方正。苏州地区依旧使用最传统的煤炉加热烙铁做烫活儿。制作前，用煤球生炉子预热烙铁，为防止烫到手，可戴纱手套做烫活儿。在烙铁加热至微微发红的状态时可进行烫活儿，烫制时，一手用烙铁按压面子上的拼合位置，一手抵住内侧相应的位置，使其有足够的力量将纸板表面和转折处烫光滑，用烙铁的高温使纸板塑形（图 6-17）。老艺人在烫

第六章　苏州剧装佩饰的制作技艺

179

制时,为了提高效率,通常准备两把烙铁,替换使用。

初步烫活儿完成后,用小刀将表面烫焦的部分刮掉,做修整。刮掉后,重复进行一次烫活儿,调整帽形的整体,并使细节圆润,转折弧线自然。第二遍烫活儿结束后,再次用小刀剔除烫焦的灰屑,将帽胎整体修整光滑(图6-18)。

贴布也叫"封布",将棉布45°斜裁成2.5厘米宽的布条,将骨胶薄薄地涂抹到布条上,将盔胎所有的拼缝都封上布条,可以有效地固定拼缝不开裂。

贴布完成后,需用牛皮纸制作长6~8厘米的小方管,贴在皇帽的耳侧和后口,以备插朝天翅等装饰部件时所用。

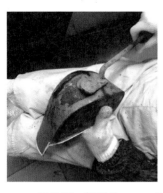  

图6-17　烫活儿　　　图6-18　烫好后用小刀修整表面　　　图6-19　红粉

4. 涂红粉

涂红粉也叫"刷红粉",红粉浆用骨胶与红粉调和(图6-19)。涂红粉这一工序,一方面,可以使原来的纸板胚样更厚实,从而增加牢度;另一方面,纸板为灰白色,与后续沥粉的粉胶颜色相近,覆盖红粉后,有利于在沥粉环节更清晰地找到沥粉位置,且红粉与沥粉材料可以有效黏合,易固定沥粉造型;另外,红粉的涂抹可以使做过烫活儿的胚样表面均匀光滑,在沥粉后喷银漆或者金漆时,可以使漆面更加有光泽。

5. 沥粉

沥粉由白粉(石膏粉)和骨胶加水调和。为了使沥出的粉流畅圆润,沥粉的材料要求精细,白粉在使用前需要用筛子筛一遍(图6-20),除去粗颗粒的粉末,骨胶同样需要用纱布过滤一遍(图6-21),滤掉其中的杂质。随后将两者按照1:1的分量加温水调和。水主要起到稀释浓度的作用,浓度以沥粉能正常挤出沥粉器并能成形、不软塌为准。

图 6-20　筛白粉所用的筛子

图 6-21　用纱布过滤骨胶

　　沥粉所需的工具主要为沥粉器和铜针,沥粉器由三个部分组成,分别是油布、铜锣漩口、沥粉头子(图6-22)。油布平铺展开为圆形,在圆心镂空小口后与铜锣漩口相连接,另有不同型号的沥粉头子与之匹配。不同型号的沥粉头子沥出的粉粗细不同,同时对粉胶的黏稠度要求也不同。沥粉头子较细的,粉胶调和得较稀,越粗,则粉胶越需要黏稠一些。具体黏稠度,需要通过将粉胶装入油布并拧上所需的沥粉头子,做沥粉试验来判断。若过于稀薄,就再加入些白粉和骨胶,反之,则加入适量温水。

　　一般较大的部件用较粗孔的沥粉头子沥粉勾线,较小的部件,如凤冠上的凤凰部件,则用细孔的头子勾线。使用沥粉头子前,将铜针泡于热水中,用铜针彻底清洗疏通头子上的沥粉孔;每次换用不同型号的头子时,都要及时清洗疏通换下的头子,以免堵塞。

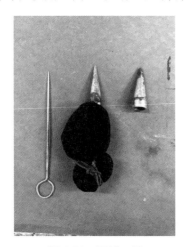

图 6-22　沥粉工具

图 6-23　沥粉过程

　　粉胶装入油布时,分量需适应手掌大小,以方便沥粉时手上用劲挤压粉胶。装好适宜分量后在尾部用粗线扎紧。沥粉时,通常用拇指和食指捏住头子,用后三个手指发力挤油布包裹的粉胶。沥粉沥在胚胎正面边缘,顺序通常由粗到细,例如先沥龙的脊梁骨、龙眼、龙角等,后换细头子沥龙须等。其中,龙眼采用粗孔头子堆粉的方式,先堆出龙眼的球状,再用细孔头子沥出瞳孔和眼睛轮廓线。龙脊梁和龙角等用粗孔头子沥出形状后,再用细孔头子塑造细节。沥粉不光是勾画出轮廓造型,更主要的是画出内部纹样造型,尤其在沥帽胎的纹样时,需要熟悉帽胎上的纹样,根据镂空的结构勾画出帽胎上纹样的详细内容(图6-23)。

沥粉过程中,沥粉头子的沥粉孔离开帽胎2～3厘米,这段距离可以自如地控制条状沥粉的走势。沥粉孔离帽胎太近容易在转折时形成过多堆砌,且会破坏沥粉的圆润性;若沥粉孔离帽胎太远,则不易掌控沥粉准确的位置,导致形散。

由于粉胶中的骨胶是热熔性质的,随着沥粉时间的增长,油布中的粉胶会逐渐冷却下来,沥出的粉会有中断的现象,且手上会比较费劲。此时可以将沥粉头子拧下,放入热水中烫一下,铜头烫过后可以用其余温再次将粉胶软化;也可将整个沥粉器泡入热水中,使油布中的粉胶遇热软化。

如果部件上面需要较粗的立体纹样,如大龙的龙角,则可在棉纸中间夹一根22号铅丝,搓成棉纸棒,将棉棒拗成所需的造型。用棉纸代替沥粉的优点在于,相同造型所用的棉纸重量很轻,可以减小整体盔帽的重量;若使用沥粉的方法堆积较大的造型,在粉胶干透后会产生龟裂现象,影响佩戴和美观。

沥粉全部完成后,等其稍许风干,在沥粉的表面涂一层骨胶封层,用于固定沥粉。旧时沥粉后通过贴金箔或银箔来给盔帽上色,现改为喷金漆和银漆,喷好漆晾干,方能进行点绸。

6. 抖珠(抖须)制作

抖珠分为珠子和弹簧铅丝两部分,抖珠的铅丝一般为22号,弹簧部分一般为红色、绿色和橘色。先将拉直的铅丝剪为35厘米长的小段,通过"推铅丝"将丝线绕上铅丝,丝线首尾需要用糨糊黏合固定,以免脱落(图6-24)。绕丝线的部位即为制弹簧的部位。绕好丝线后,借助绕弹簧的铜制工具,将铅丝插入工具,顺时针转动手柄,将铅丝绕成弹簧(图6-25)。

图 6-24　抖须所用的　　　图 6-25　抖须　　　　　6-26　常用的抖须样式
　　绕丝线铅丝　　　　　弹簧部分的制作

空心珠常用的尺寸有 2 厘米、2.5 厘米、3 厘米,根据盔帽的不同款式选用不同型号的珠子。将制作好的弹簧依次穿入一颗大空心珠和两颗小空心珠,并将铅丝头弯折固定珠子。抖珠常用的有单抖珠、双抖珠以及加饰一圈弹簧的圈抖珠等,可以根据不同的需要做出相匹配的抖珠造型(图 6-26)。皇帽上所用的为双抖珠共 6 对,圈抖珠共 13 对。

7. 装配

装配是待所有配件完成以后的整合工序,即把各部件依次安装到皇帽帽胎上。装配程序要求师傅对盔帽各个款式有熟悉的了解,装配时用 22 号、24 号铅丝固定各个部件(图 6-27)。装配时,额子和帽体前后分体装配,一般先安装贴合部件,如前额的头口、皇帽中部的过桥等,随后安装朝天翅、群龙面、寿字面牌,最后安装抖珠、绒球,前后帽胎分别装配结束后,通过两侧的匹配将帽胎拼合到一起,最后挂上真丝穗,皇帽方才完成整套工艺(图 6-28)。

（a）朝天翅一对　　　　　（b）过桥和圈珠抖须　　　　　（c）二口

图 6-27　组装的皇帽部件

(a)组装完成的额子部分　　　　　　　(b)皇帽组装完成

图6-28　皇帽的整体组装

二、员外帽制作技艺

（一）员外帽的结构分析

员外帽由帽身、帽檐和头饰纹样组成。帽身造型趋近于正六面体,前中略微向前延伸;帽身下半部围帽檐,前中开口;帽身与帽檐共同固定于帽圈。前额装饰海水头口或香草头口,正中插寿字面牌,两边各插三对抖须。在制作时,先分部件做,最后组装成型(图6-29)。

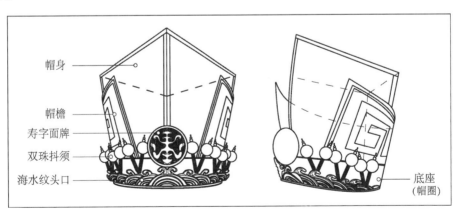

图6-29　员外帽的结构图

帽身

帽檐

寿字面牌

双珠抖须

海水纹头口

底座
(帽圈)

（二）员外帽的制作解析

1. 帽身纸板框架的绘制

根据员外帽的帽身和帽檐版型模型在硬纸板上复制一个版型,画出轮廓与结构线,并将帽身和帽檐剪下。在轮廓线和结构线基础上，在轮廓线内侧画出帽身和帽边的框架宽度，约为 0.5 厘米，帽身底边宽度约为 0.6 厘米，宽度过窄不利于黏合，过宽则构架会显粗犷（图 6-30）。有经验的师傅在画框架的宽度时一般不用尺子辅助，徒手用中指抵住纸板边缘，目测所需宽度进行绘制（图 6-31）。框架绘制完成后，剪出帽身框架，即用剪刀镂空帽身。

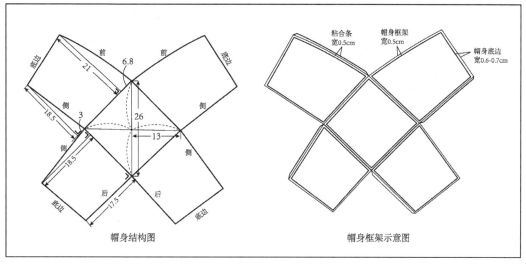

图 6-30　帽身的结构与制版

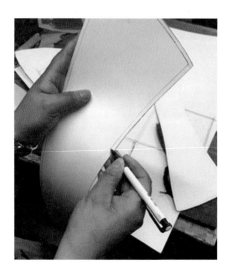

图 6-31　画出帽身、帽檐的框架后镂空纸板

2. 帽身的铁纱网版型制作

将镂空的框架放置于铁纱网上，为了使框架不扭曲变形，将镂空下来的纸板填充到原位，调整好位置后用重物压住使其固定。用刷子蘸取塑料胶，按顺时针方向，依次均匀抹刷帽顶的棱边和侧棱边,将纸板框用力按压到铁纱网上,使其充分黏合,沿着框架大致形状将网纱剪下。把网纱放置在硬质板材上,用小木槌在正反面进行反复捶打,加固黏合。确认黏合充分后,一手按住框架,小心地将填充块揭开,沿着纸框架外轮廓将铁纱网净样剪下。同样制作帽边网纱(图6-32)。

（a）将纸板框刷胶与铁纱黏合

（b）取下镂空部位的纸板

（c）木槌敲打充分黏合

（d）剪去多余铁纱网

图6-32　合铁纱网

3. 铁网纱版型塑形

得到铁网纱版型后,做帽身塑形。用坠子或者小刀背部在黏合边上以及帽顶棱边上沿折痕线轻划一下,用尺子做辅助,沿着划过的折痕翻折,纸板朝里,铁网纱朝外,纸板框藏于铁网纱内可以使帽子成形以后比较整体光滑。其中,帽子的前侧棱有一定弧度,在翻折前需要提前打适量剪口,使做出来的弧线圆顺。(图6-33)同样制作帽檐。

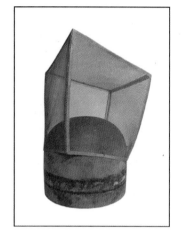

（a）用尺子辅助塑形　　　　　　（b）帽身塑形完成

图 6-33　帽身塑形

4. 拍铅丝和包边

拍铅丝是做好网纱形状后,对帽子形状的塑形和固定。得到初步的铁网纱毛体之后,为固定帽口的形状,需要在其一周沿上相应号型的铅丝。由于员外帽帽口配有帽檐,所以帽口只需要较细的 20 号铅丝。在铅丝的一周刷上塑料胶,从后中靠左开始,沿着帽口的外缘口绕一周,铁丝尾与铁丝头大约重合 10～15 厘米。保证一周圆顺和支撑性,尾部与头部相会处做一个小的折叠,把铁丝头藏在折叠的凹陷处,靠近头尾用 24 号细铅丝缠绕打结。帽檐用 18 号铅丝,同样刷上塑料胶,沿外缘围绕三边,与帽圈(底座)连接的一边不沿铅丝。沿好铅丝后,用木槌正反面敲打,使其充分黏合。(图 6-34)

用铅丝做好固定后,进行包边,包边的目的在于将网纱的边缘包裹平整,防止铁网纱锋利的边缘刺伤人或勾到衣服,同时加固帽子的牢固度,以使在之后包黑网纱的时候棉布和纱布有更好的黏合性。包边的面料为棉布,按 45°斜纱裁剪成宽 0.7～0.8 厘米的布条。先将布条的一端固定,在布条上均匀地刷上骨胶,将布条左右对称地包到帽檐上,一般从下端的一角开始,包完一圈在接头处尾部收尾,盖过头部。帽身的包法同帽檐,帽身的包边顺序为先分别包四条侧棱,再包上下两周,这样的顺序可以将侧棱的布条毛边藏在上下的包边中。为使其充分黏合,帽身包边的过程中可以一手在反面抵住,另一手使用小木槌等硬物在正面碾压;帽檐则用小木槌正反面敲打加固。(图 6-35)

187

图 6-34　沿铅丝收尾结构

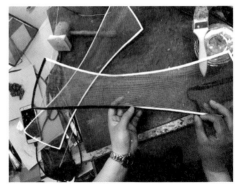
图 6-35　黑棉布包边

5. 喷漆

铁纱网一般为银色,需要在包网纱之前将铁纱网用喷漆的方法做成黑色。为了卫生安全,喷漆在室外进行,并且需要戴上手套和口罩工作。喷漆时,喷雾口由内朝外,如遇风,则顺着风向喷,先由内向外均匀喷洒,尤其注意四角的喷洒到位。帽里喷漆完成后,再从正面喷,先大面积地均匀喷洒帽身,整体完成时重点检查棱边是否完全喷漆。喷漆时应注意喷口与帽子之间的距离,使漆厚薄均匀地铺满整个帽身(图6-36)。

(a)喷漆过程

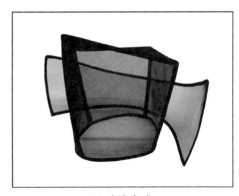
(b)喷漆完成

图 6-36　喷漆

喷漆完成后需要充分干透,在太阳光下晾晒半小时左右即可干透。为了提高制作效率,通常做员外帽的师傅会提前一天做好铁纱网帽形并完成喷漆,晾放一夜等漆完全干透后第二天做后续工作,既不耽误工时,又可以使漆味散发掉,制作时更轻松。

6. 蒙纱

在喷漆完全晾干后,给帽身和帽檐蒙纱。纱的密度大于网纱,蒙纱时用45°斜料,可以使纱有较好的拉伸,蒙纱不会产生褶皱。蒙纱时,先蒙帽身的侧面,在顶面四条棱边和帽口刷上塑料胶,按顺时针方向蒙上纱,随后蒙帽顶,蒙纱时所有面都不留毛边,直接黏于棱边上。同样,帽檐一周刷塑料胶,用45°斜纱蒙外侧,不需留毛边,直接与边缘齐平黏合。

7. 帽子底座制作与大缎包边

帽子底座为硬纸板,宽2.8厘米,长度一般为38厘米,两端起翘,两端各有一个缺口,围成一圈时帽口微微张开,缺口可以起到调节帽围大小的作用(图6-37)。将纸板头尾处相黏合,形成一个帽圈,在帽圈外侧上下两边都沿上18号铅丝。将帽底外圈包裹上大缎45°斜料,两边帽边各留2厘米左右,内扣于反面,在帽子底座开口处打上相应的剪口,用骨胶黏合抚平。完成粘贴后,将内侧留白的部分用喷漆喷成黑色。

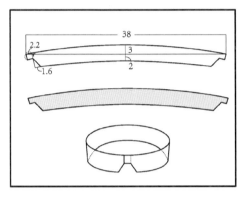

图6-37　帽子底座制版和结构示意图

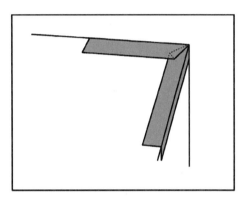

图6-38　包边转角折叠示意图

大缎的颜色依帽子的款式和设计而定,一般为黑色45°斜料,宽0.7~0.8厘米,包边的方式与棉布包边类似,将大缎的一端固定,刷上烧浆和白胶(聚醋酸乙烯乳液)的混合胶,刷胶时需要稍加力度使胶渗透断面,可以使黏合更加牢固。包边顺序可以先包帽檐,帽身先包四条侧棱,再包帽顶一周,帽圈一周不包边。在转角包边的时候,需要做一个折叠,使面料平顺不起褶皱(图6-38)。完成包边后,用湿毛巾清理,擦去包边上多余的浆。

如若帽身不加金线,则包边的帽边向内折光,不留帽边;加金线则无须折光,用金线盖住毛边。

8. 纹样装饰与贴金线

帽檐一般有纹样装饰,装饰纹样大多为"回"字,左右对称。将"回"字刺绣纹样剪成净样,并放置于帽檐上调整至适合的位置,注意与边缘的距离和每个纹样之间的距离保持适中,先确定对称线,由对称线向两边依次摆放纹样,并做标记。将纹样的反面刷上厚实的塑料胶,一次到位地在帽檐上放准位置,并充分黏合固定。塑料胶在网纱上无法清理,所以定位十分关键。

用于帽子上花纹刺绣的底料一般为化纤面料,在剪成净样的时候,用火烫灼边缘可以使其自然卷缩光滑。在刺绣过程中,在绷架上固定得过紧会使纱向变形,从而导致剪下的图案变形,在粘贴的过程中,需要纠正纱向和图案的形态。

金线的粘贴使用的工具是胶枪胶棒,用胶枪把热熔后的胶挤在包边的毛边上,用金线盖住毛边,顺序仍然是先粘四条侧棱的金边,后粘帽顶一周,每条棱边的两侧都需要粘贴。帽檐的一周粘两道金线,第一道与帽身相同,压住包边的毛边,第二道根据第一道金线向里0.2厘米左右。帽檐的底边无须粘金边(图6-39、图6-40)。

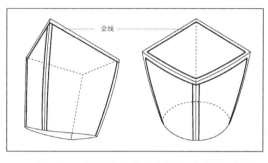
图6-39　帽子贴金线示意图(正侧面与背面)

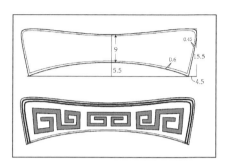
图6-40　帽檐制版、纹样示意图

9. 组装

运用皇帽步骤中的方法,制作寿字面牌,面牌直径为6.5厘米,面牌的手柄长度约8.5厘米(扎铅丝固定位置所用),抖须为双珠型,海水纹头口总长31.5厘米,与皇帽的头口做法相同(图6-41)。

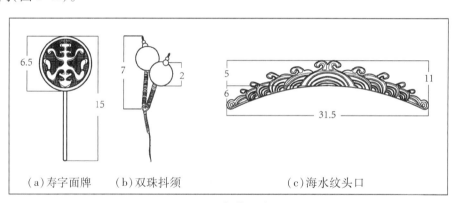
(a)寿字面牌　　(b)双珠抖须　　　　(c)海水纹头口
图6-41　部件尺寸图

首先组装帽身和帽檐,确定两者后中对齐,后中对齐后用锥子扎小孔做标记,用24号铅丝穿过小孔,固定后中。用尖嘴钳将铅丝旋转拧紧,并把铅丝头打弯藏于缝中。随后用相同方法固定两侧。固定后帽檐与帽身自然形成一定的倾斜角度,向上呈放射状。随后用胶枪或胶棒将底座套于帽身,底座的开口位置放于后中。

帽子上的海水纹前额、"寿"字面牌和抖珠的组装原则为左右对称。先将海水纹前额固定于帽子正面帽檐中间,用锥子在正中和两侧扎孔做标记,用24号铅丝分别做固定。海水纹前额底边与帽圈口边完全紧贴,整体与帽身形成一定的向上放射的角度,基本与帽檐的倾斜程度一致,留出一段空隙装面牌与抖珠。面牌的高度以海水纹高度为参考,以面牌完全露出底边,与海水纹上端相切为适宜。将面牌柄过长的部分翻折,用24号铅丝固定在帽子底座上。最后固定抖珠,抖珠的高度为面牌的二分之一处,从中间往两侧的高度逐次下降,柱子基本呈一条直线,与海水纹保持平行,并尽量不遮挡到帽檐的"回"字纹样(图6-42)。

图6-42　员外帽完成图

第三节　软帽的制作技艺

软帽的制作工艺相较于硬盔,工序较少,制作周期更简单。软帽以大缎、软缎等面料为主要材料,适合绗缝,辅以手工,一般由一个师傅独自完成。

一、道姑帽的制作技艺

道姑帽一般筒体为黄色,配白色飘带,制作面料通常为软缎,软缎在制作前须刮浆。纹样通常为莲花、卷草和"佛"字,制作前先做好刺绣。

道姑帽帽体左右和前后分别对称,由不同的版型组合而成(表6-2)。制作顺序是分版型制作部件,最后组装。用模板拓下版型,帽体左右各1片,前后对称各1片,帽檐1片,飘带4长条2短条,后中挂式缀有带须云片6片(图6-43)。

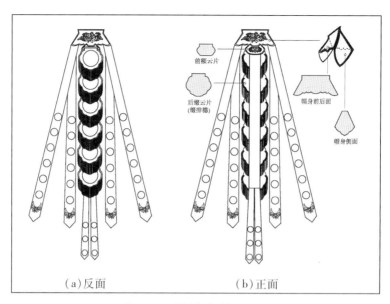

图6-43 道姑帽部件展开图

（a）反面　　　　　　　　（b）正面

表6-2 道姑帽制版表

部位	名称	数量	版型与一般尺寸(单位:厘米)	备注
帽身	帽身前后面	2		前后对称
	帽身侧面	2		左右对称
	帽檐云片	1		位于前中帽檐口
垂饰	后坠饰 （带须云片）	6		云片上压下
	飘带	6		4长条2短条

苏州传统剧装艺术

192

1. 部件的制作

制作时,先将拓下的版型逐个剪下,将剪下的纸板刷上烧制的糨糊,粘贴到相应的图案上,每个纸板贴上后,需要翻回图案正面,将面料因粘贴起褶的地方拉平。将所有部件对应贴好后,用剪刀把每个部件沿着纸板形状剪下,不留缝份。全部剪下后检查胶是否黏合充分,如有不到位之处,再重新上胶黏合。在部件的反面用棕刷刷上胶,贴到与正面料子相同的软缎上,留出0.3~0.5厘米的缝份剪下,并且在转折处打剪口以方便翻折。贴好所有的背面软缎后,用手指蘸取适量糨糊抹于缝份上,将缝份翻折贴于正面。做完后用熨斗将每个部件进行正反整烫,使其平整(图6-44)。

(a)粘贴后将缝份打剪口　　　(b)将缝份粘贴到正面　　　(c)粘贴完成

图6-44　部件纸板的粘贴过程

所有的部件正面均有一圈金边装饰,金边宽约0.5厘米,与边缘轮廓保持齐平。用胶枪黏合,边挤胶边黏合,遇到转折点时需要稍做折叠,使转折点有清晰的弧度。胶不宜过多,以免黏合时露出来影响美观。"佛"字片下边缘有排须,排须从一侧的第一个弧线下端开始至另一侧第一个弧线的下端截止,排须可以用绗缝固定,也可以只用胶枪挤胶黏合(图6-45)。

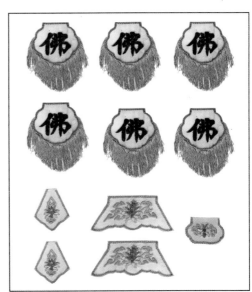

图6-45　道姑帽帽身部件完成图

2. 飘带制作

由于整块布的整烫和归拔操作较简单,所以,如果刺绣时由于绷架的力量使纱向倾斜,在剪下飘带之前可以先做整烫和归拔。做好整烫后按照飘带形状裁剪,飘带两面对称,图案相同,中间不裁开,留1厘米缝份。将正面对折在里面缝合底部与侧面,在细长木棍的辅助下翻到正面。飘带一共4长2短共6根,另有一根是后中打底的宽带子(图6-46)。

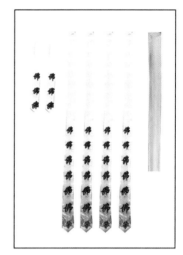

（a）用筷子辅助翻飘带　　　　　　　　（b）制作完成的飘带

6-46　制作飘带

3. 组装

帽身前半部分先缝合前额装饰片,然后将两根长飘带绗缝于前帽身底边两侧,倾斜度与侧边一致,呈一定的放射状。随后用明线缝合帽身侧片。

在各部件完成以后进行初步组装,即前后分别组装。后中缀有 6 片相同的"佛"字云片,用明线绗缝到黄色打底飘带上,每个"佛"字云片与上一个间隔约 1.5 厘米,上压下。黄色打底带下方缀有 2 根短飘带。将后中坠饰用明线缝合于后片帽身的下边中点,帽身下边两端用明线各绗缝一根长飘带,长飘带的倾斜角度与帽身侧边一致。

前后分别组装完成后,用明线缝合帽身后侧与后片侧缝,最后缝合帽顶,在所有的缝合过程中,明线都缝于金边内,都需要倒回针。组装完成后帽子的总长度约为 114 厘米（图6-47）。

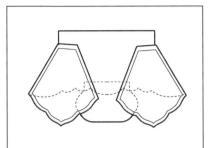

（a）帽身前片和侧缝拼合造型

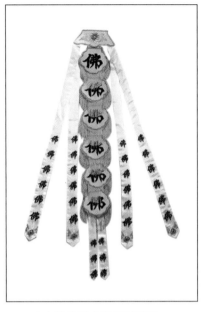

（b）帽整体拼合　　　　　　　　（c）道姑帽成形（背视图）

图 6-47　道姑帽的组装过程和部件

二、员外巾制作工艺

员外巾的总体结构与盔帽中的员外帽相似，整体为真丝绉缎，一般绣有手盘金的卍字纹、云纹和"寿"字。与员外帽相比，员外巾的结构部件较简单，分别是帽身、耳掀、飘带和顶盖四个部分。帽身为四棱柱形，高 14 厘米，顶部棱边长 16 厘米，耳掀长 21 厘米，宽 7.5 厘米，耳掀尾部形似如意头，帽顶是直径 6 厘米的圆片，绣有团寿，帽口后端缀长条宝剑头飘带，约 65 厘米（图 6-48）。

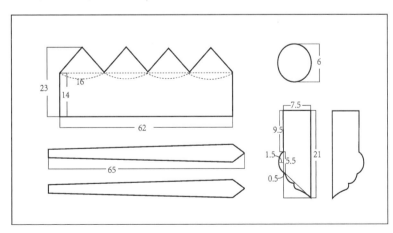

图 6-48　员外巾的制版图

帽体平面展开,版型总长为62厘米,高23厘米,上边缘等分为4个直角等腰三角形。为了使帽体部分有一定的硬挺度和支撑性,在帽体的面子与白胚布里子中,会夹有一层硬衬,硬衬和面子用双面粘合衬固定,帽体从里到外的四层分别是白胚布、硬衬、双面粘合衬和面子。其中,硬衬为净样,其余需要预先留好缝份(图6-49)。

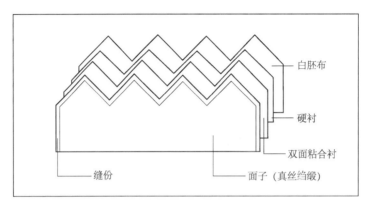

白胚布

硬衬

双面粘合衬

缝份　　　　　　面子(真丝绉缎)

图 6-49　帽体的四层面料

帽体缝合前,需要在帽口沿一条黑色的滚边,一般为斜纱的棉布,宽约3.3厘米。帽体的缝合分为两个步骤,先将帽体后中缝合,使其成为桶状,并保留3.3厘米开口,以便适应穿戴者头型的大小;再将帽顶面相邻的棱边两两缝合,使帽顶闭合,随后翻回正面。翻折时,棱角翻折的服帖与否会体现出员外巾的品质感,并且需要用熨斗将顶面与侧面的转折处烫出棱边;侧面的转折面也烫出棱边;为保证正面侧棱刺绣图案的饱满和完整,不烫出棱边(图6-50)。

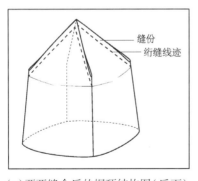

缝份

绗缝线迹

(a)两两缝合后的帽顶结构图(反面)　　　(b)缝合帽顶后翻回正面的实物图

图 6-50　帽体的缝合制作

耳掩对称,长21厘米,宽7.5厘米,耳掩的图案一般为"寿"字纹样,水路均匀,为0.8~1.2厘米。耳掩的正反均为绉缎,正面为净样,反面留约0.3厘米缝份,正反用双面粘合衬相黏合,反面的缝份直接翻到正面黏合,另在缝份的毛边口附一圈金线做修饰。顶盖帖的做法与耳掩的做法相同。

飘带长45厘米,上宽6.5厘米,下宽10厘米,做法与道姑帽的飘带相同。在剪下飘带之前可以先做适当的整烫和归拔。做好整烫后按照飘带形状裁剪,飘带两面对称,图案相同,中间不裁开,留1厘米缝份。将正面对折在里面,缝合底部与侧面,在细长木棍的辅助下翻到正面(图6-51)。

图6-51 制作完成的部件

完成部件制作后,进入手工组装部分。组装前,先将帽口的前额(左右共20厘米长度)部分,用单针做收口处理,使帽口收小并且帽形饱满。随后将顶盖帖用手针缝合到帽顶中心部位,再将耳掀固定于帽顶面棱边,飘带固定于后帽口,耳掀和飘带分别距后中约3.3厘米(图6-52)。

(a)正面   (b)侧面

图6-52 制作完成的员外帽

第四节　鞋靴的制作技艺

不同的鞋靴款式制作程式大致相仿,本书以彩旦靴和老旦云头履为例,解析薄鞋底与厚鞋底,以及鞋面的不同构成方式与制作工艺。鞋靴的尺寸以标准鞋码为参考,并配有与鞋码对应的楦头塑形。女鞋常用码数为 35 ~ 39 码,男鞋为 39 ~ 43 码。

一、彩旦靴的制作技艺

彩旦靴的构成可分为五个部分,分别是牛皮鞋底(1 对)、鞋面(2 副共 4 片)、白布袜边(2 条)、真丝穗(2 个)、鞋垫(1 对),其中白布袜边也称为"白口",缝在靴口一圈代表袜子,鞋垫制作完成后塞入靴中,不固定于鞋底(图 6-53)。

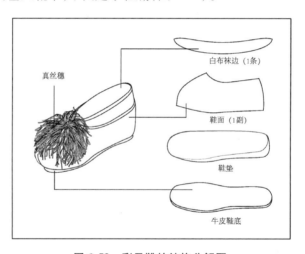

真丝穗　　　　　　　　　　白布袜边 (1条)

鞋面 (1副)

鞋垫

牛皮鞋底

图 6-53　彩旦靴的结构分解图

1. 粘帮

鞋靴在制作前先进行纹样的设计与刺绣。由于鞋面多为软缎、大缎以及棉布,在硬挺度上无法达到塑形的效果,所以制鞋第一步为"粘帮",即用烧浆法所制浆糊作为黏合剂,在鞋面内侧附加黏合一层硬衬。硬衬的造型为提前做好的鞋样,而鞋面不裁剪,与硬衬黏合后依照硬衬的模子进行修剪。修剪后在鞋口印上相应的鞋码,等待糨糊晾干(图 6-54)。

苏州传统剧装艺术

198

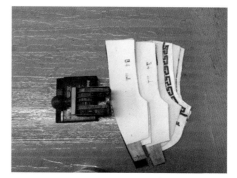

（a）粘帮需对准鞋面花型　　　　　　（b）粘帮后在鞋口内侧印鞋码

图6-54　粘帮过程图

2．鞋面的缝合

首先将晾干的鞋面进行滚边。滚边的颜色一般与鞋面底色相近，也可与绣花颜色相近。滚边前须将鞋面的后中从正面缝合，随后将缝份劈开烫平，在缝份上绗缝"跟茎"，即白色缎带条，将后中拼合缝份盖住，跟茎的使用可起到美观和加固双层作用。随后做经过鞋头、鞋口的长滚边以及白口的口边滚边，滚边颜色一致。滚边翻折熨烫，以明线绗缝将滚边内侧固定，并以明线绗缝鞋面底边一圈，加固鞋面与硬衬，以免脱落。缝合鞋面前，须将口边以明线绗缝于鞋口，白口在后中露出鞋口约3.33厘米宽，最后将鞋头的拼缝线以明线缝合。

3．鞋底制作与上鞋底

鞋底以厚牛皮为料，毛面为地面，光面向上，依照相应鞋码的号型裁剪鞋底，并用镟刀修正鞋底造型，最后沿着鞋底的毛面一周棱边，斜切出一条宽0.8厘米的暗槽，待上鞋底时埋线所用。

鞋垫的材料分为四层，从下到上分别是压缩泡沫、海绵、腈纶棉花和白胚布。压缩泡沫以鞋子的铁模具框，用冲床压制而得，再剪取与之码数相符的海绵，用白胚布覆盖封层，并填充腈纶棉。鞋垫可以根据定制需要做成增高鞋垫，即将压缩泡沫的前脚掌打薄，后跟加厚。

上鞋底使用的主要工具为钩锥，线为上鞋底专用的蜡线，并在鞋面与鞋底之间加入一根45°斜料的彩色缎带作为嵌条。上鞋底的线分为底线和面线，鞋底下层的是底线，鞋底上层的是面线。钩锥从鞋底下方依次穿过鞋底、嵌条、鞋面，将面线勾到鞋底，将底线穿过面线后拉紧，即为一针，一针的长度约2厘米。由于牛皮厚度的问题，勾锥可以通过擦蜡来增加润滑度。上鞋底的起始位置一般为鞋头，以便"校帮"，即校准鞋帮与鞋底的匹配度。在上鞋底的时候每固定一针均需要校帮，且保证鞋面的鞋头和后跟与鞋底的鞋头和后跟完全重合。（图6-55）

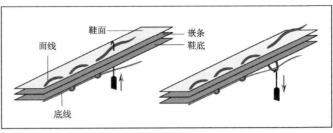

（a）手工上鞋底　　　　　　　　　（b）上鞋底穿线示意图

图6-55　上鞋底过程图

4. 定型

鞋子整体制作完成以后，为了使鞋形挺括，须进行加温塑形。由于鞋子中有大量的硬衬，不易塑形，故在填楦头之前将鞋面打湿，使其软化。随后在鞋头与鞋跟处放入相应码数的楦头，鞋体中间空余部分填充木片，使前后楦头抵住鞋面，同时用锤子敲打鞋子外部一周，使鞋面紧贴楦头，促使塑形。

随后将鞋子放入烘箱，利用加温（100℃左右）来塑形，经过约20分钟的高温定型后，取出鞋子，待其冷却，鞋头装上真丝穗，即完成彩旦靴的制作（图6-56）。

（a）塞紧楦头后用锤子轻捶　　　（b）高温加热后冷却　　　　　（c）装穗，完成制作

图6-56　彩旦靴定型

二、云头履的制作技艺

云头履的前期工作与彩旦靴类似。云头履鞋面的云纹和滚条皆用黑色绒布制作，云头履的滚条略粗，约1.2厘米。云头履的鞋头呈四方形，须在鞋头另外加饰"寿"字方云头，并在鞋头底部手工缝合包头皮（小羊皮），以加固鞋头（图6-57）。

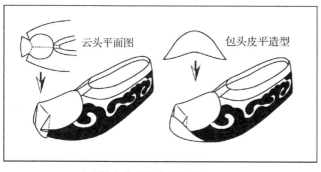

（a）鞋头分两个步骤包裹　　　　　　（b）鞋头包裹完成的实物

图 6-57　云头履鞋头的制作

　　云头履的鞋底为厚底,厚底从上往下依次为硬布衬、黄麻纸、牛皮纸。上层的硬衬层层叠加用糨糊黏合,约有 1.2 厘米厚度,中间黄麻纸层需用上百张黄麻纸压制而成,厚度可定制,最后在黄麻纸下面手工钉上牛皮底（图 6-58）。上鞋底时,面线穿过硬衬层与底线串联。厚底质地非常硬,通常在鞋底上层填充一层腈纶棉,用白胚布压住,以增加穿鞋时的舒适感。

　　厚底鞋定型后,侧面一周刷上白色的立德粉胶。立德粉胶现用现调,在白胶水中拌入立德粉,可以使立德粉更厚实,且增加其附着力。刷过后通风晾干,用砂纸打磨立德粉胶,打磨光滑后再上一层,方算完成（图 6-59）。

图 6-58　黄麻纸厚底靴　　　　　　**图 6-59　制作完成的云头履**

第七章　苏州剧装艺术的当代发展与传承

第一节　新编历史剧与传统剧

一、新编历史剧的发展

1960 年上半年,文化部举办为期两月有余的现代题材戏曲观摩演出,并请中国戏曲研究院的相关专家讨论关于戏曲发展的事宜,提出了传统戏、现代戏、新编历史剧"三并举"方针。"三并举"的内容即大力发展现代剧目,积极整理改编和上演优秀的传统剧目,提倡用历史唯物主义观点创作新的历史剧目。

1959 年 1 月,文化部在党组扩大会议中,提出了对前一年忽视传统戏的反思。田汉的《从首都新年演出看两条腿走路》一文中,针对因现代剧目而忽视传统剧目的现象,提出:"我们不能一条腿走路,或一条半腿走路,必须用两条腿。"该年 5 月,周恩来在中南海紫光阁以座谈会的形式,邀请了部分文艺界的全国人大代表、政协委员以及在京从事文艺工作的杰出代表,以总结过去,纠正偏向为主旨,作了《关于文化艺术工作两条腿走路的问题》的重要讲话。该讲话在戏曲界引起了极大的反响,整理和改编传统剧目的工作重新得到重视。

"文革"结束后的三年中,传统戏剧艺术的恢复工作取得了初步成效,戏曲创作同时得到发展,新编历史剧出现了大量的优秀作品。例如顾锡东所作的越剧《汉宫怨》、郑怀兴所作的《新亭泪》、周长赋所作的《秋风辞》、毛鹏所作的《康熙出政》、李亚仙所作的《曹操与杨修》等,其题材主要以历史故事和民间故事为主,新编的本质主要是在故事中找到新的释义,融入当代的、个人的价值观与世界观。

据统计,至 1980 年上半年,全国各地区上演的传统剧约占据总剧目的 90%,传统戏、新编历史剧、现代戏的比例存在明显的失衡问题,剧目的完整建设仍是需要探讨和解决的问题。为此,1980 年 7 月,中国戏剧家协会、文化部艺术局、文学艺术研究院戏曲研究所在北京共同展开了戏曲剧目建设的研讨会。此次会议主要分析了 1949 年以来戏曲发展中的经验教训,认为有效的戏曲发展政策为"百花齐放,推陈出新""两条腿走路""三并举"方针。此外,开展戏曲艺术工作要注意不同地区、剧种、剧团的不同情况,采取相对应的方法,因地制宜;戏剧发展须适应时代步伐,努力在传统与经典的基础上改革创新。会议讨论了继承与革新、传统剧目的社会作用、历史剧的古为今用及繁荣现代戏创作、提高剧目质量等问题,向全国戏曲工作者提出了积极可行的建议。7 月 27 日,中共中央宣传部副部长周扬发表了《进一步革新和发展戏曲艺术》的重要演讲,主要针对的问题有戏剧发展中的不足与优势总结、剧目类型的完善、戏剧舞台美术和戏剧院团的管理等。此次讲话后，戏剧创作得到新一轮的发展。

20世纪90年代时，对于名篇的创作改编也发展到一定的高度。譬如越剧《红楼梦》《孔乙己》、昆剧《长生殿》《南柯梦》《牡丹亭》、曲剧《茶馆》、京剧《西厢记》《四郎探母》《骆驼祥子》等，都以新的角度和价值观重新挖掘了文本的主旨意涵，使中国戏剧进一步向多元化发展。

二、新编历史剧服装和传统戏剧服装的辩证关系

传统戏剧服装历经时代更迭和发展已经到了很完美、很极致的状态，可以称为艺术品，这些历经千年流传下来的穿戴形制，如今呈现在传统戏演员的身上，他们便是"活的化石"，我们应当尊重和敬畏传统，完整地保存好这一传统的文化艺术。在"三并举"方针的指引下，三大戏曲种类的剧装各有不同的发展方式，对于传统剧装，主要采取维系和传承的办法，维系衣箱制的方式，尽量采用传统手工艺维持生产。同时，挖掘原有的已经流失的东西，对传统剧装加以完善和补充，使其更丰满，更经典，更符合历史传统。

而新编历史剧及新排传统剧与同一剧目的传统剧本在情节和人物设定方面都有很大的改变，其擅长用中国传统的借古喻今的方式，如用《海瑞罢官》反贪腐的戏来借古讽今。此类剧目被拿出来创作时，就已经融入了导演的想法与观念，而所处的时代不同，人们的思想观念自然有差异。如《昭君出塞》，历史中的王昭君由于战争失利而被送去匈奴和亲，昭君出塞的故事原先是一个女子为了国家和平远去他乡的悲伤故事。但是郭沫若的《昭君出塞》则为喜剧，他把焦点放在了民族大团结上，借这个事件来诠释女性在历史中的地位和价值。

随着时代的发展，人们对同一人物形象产生了不同的看法，对王昭君等角色，其解读和塑造还在不断变化的过程中，虽然有时不免混乱，但这些角色获得了日渐丰富的意义和内涵。这些创作中，有一些剧目仍可沿用传统衣箱中的蟒、帔、靠、褶、衣来演出，但也有一些剧目用传统衣箱是无法贴切表达剧情和人物的，需要另行设计剧装，所以产生了"一戏一服制"。

传统戏剧有生旦净末丑行当之分，但历史剧是角色之分，新编历史剧的服装制式不仅要在图案上做出改变，服装的款式也会做出改变设计，更遵从历朝历代的服饰制度。创作时，既融入了设计师的思想，同时也涵盖了导演的构思，甚至还有演员的想法。

新编历史剧中的设计尺度也有大小之分，一部分新锐的剧装设计师认为，设计是为了表达自我的思想或者是具体剧目的思想，并不是为了延续传统，只是借用传统的元素来做设计表达，这与传统剧装是完全独立的两个模块，然而在这两个不同的模块上，很多人是分不清的。从戏剧和演员的角度来说，传统剧对应不同的角色行当有相应的服饰款式，如

果根据历史服装的款式图案做剧装,相应的传统戏剧元素就会被弱化甚至代替,虽然仍是戏剧,但是从服装上看已失去了戏剧的传统味道。所以对于戏剧演员和观众来说,目前是无法完全分清新编历史剧与传统戏剧的关系的,自成一格的传统戏剧在做出改变时,仍然是一个有待接受的方式。

新编历史剧是独立的,是新的时代发展中产生的新的戏剧模式,具有时代价值。新编历史剧和整理改编传统戏的创作是国家繁荣戏剧的重要举措,也是让戏剧承载传统、打通当下的重要类型。新编历史剧需要在历史真实的基础上进行艺术想象,赋予时代感,解决"古为今用"的问题;整理改编传统戏则需要对传统剧目取其精华、弃其糟粕,使之更适应时代审美和时代精神,坚持弘扬中华传统优秀文化的方向。

新编历史剧的服制与传统戏剧的服制是既包含又独立的,"包含"指的是新编历史剧可以囊括传统衣箱制的服装,"独立"指的是两者同时发展,互不干预,所以它们是可以并存的,只是依照每个人的见解与喜好不同,有不同的受众。多元共存的社会和文化语境为它们提供了支点,并促成了继续发展的可能。

第二节 "一戏一服制"的设计

戏剧服装的改革与设计是一个逐步推进的过程,它有赖于戏剧表演艺术家、剧装设计制作艺人、观众爱好者共同努力,是基于广大群体对于戏剧认知的改变与审美的综合体现。传统戏剧相对于新编历史剧来说,有其特有的程式性,但是新编历史剧是一个更为广阔的领域,它涉及服装设计、舞台美术等各方面的创新探索。

梅兰芳与马连良在早期的新编历史剧剧装设计中,担当了引路人的角色。为了更好地演绎一些新编历史剧、古典剧目,梅兰芳借鉴传统的人物画、壁画以及寺庙雕塑等艺术作品形象,创新设计了古装衣与古装头。另外,受海派文化的影响,苏州剧装在剧装业内相对更具包容性与创新性,由于其机敏性与剧装业的龙头地位,抓住了这一转变,在"一戏一服制"的新编历史剧剧装制作上也做出了佳绩。

一、"一戏一服制"的设计方向

传统剧装实际上没有固定存在的剧装设计师,只有图案设计师。因为按照衣箱制的款式,传统剧装是固定的,且有通用的尺寸,只需要根据人物和剧情设计图案便可。但新编历史剧的剧装,需要根据剧本情节、人物设定重新来做剧装设计,此时图案设计和剧装款式设计二者缺一不可。苏派剧装"一戏一服制"的创作设计,遵循戏曲服装的三大传统原则①,在这基础上做变化,即将每一项单独作为思考对象,在类型化的基础上进行变化,重新进行组合。

苏州昆剧院所编排的青春版《牡丹亭》剧装均由苏州制作,是高度体现尊重剧装三大原则的"一戏一服制"设计,其款式和图案均按照传统衣箱制的形式,只是以符合时代审美的眼光调整了图案设计和面料、刺绣的用色,整体上仍呈现原汁原味的传统戏剧服装风格。其主要做出改变的是演出形式,《牡丹亭》将传统的室内舞台转移到室外,这属于服道化层面的革新。

2016年,为纪念汤显祖逝世四百周年,全国的昆剧团都进行了汤显祖的昆曲戏目排演,上海昆剧院选择的"临川四梦"(《牡丹亭》《南柯梦》《紫钗记》《邯郸记》)当属最好的应景之作,"四梦"中《南柯梦》全剧服装均在苏州完成制作,其中保存了传统戏衣的服装款式和穿戴形制,以荷花为整部戏的主要花形,在有更好的视觉效果的同时突出剧情主题,在视觉上给观众带来不一样的感受。

《南柯梦》描写尘世、佛界与蚁国多重情境的超自然关系,全剧以"人生如梦"为基点,表达主人公淳于梦看破功名利禄后,唯有"出家修佛"才能够得到精神寄托的思想。荷花,自古以"出淤泥而不染"的形象代表清白高洁的品性,且在佛教中有崇高的地位,象征不为世俗所染。《南柯梦》中荷花图案的设计运用,充分体现了淳于梦刚正不阿的人物性格,同时也点出全剧主题。在图案布局上,女帔改变了团花的一团四角和适合纹样的左右对称的传统样式,以上下与前后呼应、左右平衡的散点布局方式来构图(图7-1)。在蟒袍中,用荷花融入下摆的江崖海水纹,江崖海水纹保持对称构图不变,布以荷花遮盖部分海水,使下摆总体图案左右平衡而画面饱满。在解构传统图案的同时,全剧服装更显和谐统一(图7-2)。《南柯梦》剧装图案的创新运用,充分体现了尊重和敬畏传统,在继承基础上大胆创新的设计思想。仲呈祥老师说,"临川四梦"的意义在于让我们看到,"如何坚定地在继承的基础上创新,真正实现中华优秀传统艺术的创造性转化和创新性发展;如何自觉地树立并践行包含戏曲自信、文艺自信在内的文化自信"②。

---

① 三大传统原则即"三不分、六有别、定中变"。"三不分":不分朝代、不分地域、不分季节;"六有别":老幼有别、男女有别、贵贱有别、贫富有别、文舞有别、番汉有别;"定中变":也作"定中有变",指通过不同的服饰组合方式,在类型化基础上追求人物外部形象的个性化,所遵循的也是写意原则。

② 忻颖.让"临川四梦"和年轻人一起成长——上海昆剧团团长谷好好谈"四梦"[J].上海戏剧,2016(8):26
-27.

(a)《南柯梦》女帔剧照

(b)《南柯梦》女帔图案示意图

图 7-1 《南柯梦》女帔图案分析

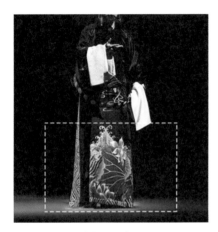

(a)《南柯梦》照片

(b)《南柯梦》蟒袍图案示意图

图 7-2 《南柯梦》蟒袍图案分析

在裁剪方面,从传承与保护的角度出发,西式的合体裁剪违背了传统戏衣的形制,也不符合历史服饰的制衣形制。从工艺上来说,剧装款式上融入立体裁剪,会彻底把生产工序打乱,受影响最大的是图案的刺绣,若图案在省道上布局,则会影响刺绣上绷架,而刺绣必须在紧绷的布面上进行,而恰巧胸省与腰省的一般位置往往有刺绣图案,无法满足工艺的实用性需求。西式裁剪的服装因合身而没有广泛的通用性,讲究与演员的对应性,相较于传统平面裁剪的戏衣来说,利用率大大降低。因为这些原因,"一戏一服制"在裁剪上仍保留传统的宽衣制式。

"一戏一服制"从演出效果来看,确实能够达到令人耳目一新的效果;从发展的角度来讲却并不完全健康,相对于传统衣箱制来说,会造成很严重的浪费,导致这种现象出现的原因,是目前无法找到新编历史剧通用的服装款式。传统的衣箱制以明代服饰为主,也包含历朝历代的服饰在里面,随着新编历史剧的诞生与发展,传统衣箱制已经无法满足所有剧目的服装需求。针对目前一些剧团设想打破传统衣箱制,在新编历史剧的服装上要做一定创新的情况,李荣森提出了"按年代分衣箱"的概念。例如,整理出"汉代衣箱"的色彩、图案、款式等要素,做完整的分析与构成,根据需要设计生产一整套完备的"汉代衣箱",同时考虑实用性,符合戏曲舞台表演的形式,这样才能够系统而长久地发展剧装。

二、戏剧观众的差异

观众的差异性体现在两个方面。一方面是纵向的差异,即过去观众和现在观众的差异,以前的娱乐方式单一,戏曲是一个大众的选择,而现在随着时代的改变和科技的发展,娱乐方式不胜枚举,在选择多样化的情况下,观众对于戏曲这种娱乐方式的选择比例大大下降。今天的戏曲观众对于都市戏曲表演的解读不仅在娱乐的层面上,还需要在精神层面上得到一点启示。

另一方面是横向的差异,即不同地区对于戏剧发展的接受程度。苏州地区有着上千年的文化底蕴,有着充分的文化自信;同时相邻上海,受到开风气之先的海派文化影响,不论是戏剧工作者还是戏剧观众,相较于北方的固守,更有包容性和创新性,更能够率先一步接受新的思想,并且能够普遍认识到"一戏一服制"与传统衣箱制是两个独立的范畴。在剧装做出改变创新时,如果能得到观众认可,便更容易促进其进一步发展。

第三节　苏州剧装艺术的传承

20 世纪 80 年代以来,苏州剧装的生产服务对象主要为戏剧和影视剧,甚至在 90 年代至 21 世纪初,产业重心曾偏向于影视剧。这一方面是市场的需求,更大的原因是剧装产业生存的需要。苏州剧装戏具制作技艺于 2006 年 5 月被列为国家级非物质文化遗产后,开始重新定性,工作重心逐渐回到剧装戏具制作。与此同时,由于国家政策的改变,戏剧艺术逐渐回暖,2004 年由苏州昆剧院世界巡演的青春版《牡丹亭》,将昆曲推向新的热潮,这也成为苏州剧装制作产业重心重新回到戏剧服装的契机与转折点。

一、苏州剧装艺术的主要价值

苏州剧装制作行业应戏剧的成熟而生,在明代已初步形成产业链,在历经长达五百多年的手工艺传承中,逐步完善了戏剧表演所需的各种服装及道具体系,形成了完备的产业链。正是这精湛技艺的代代相传,为当今的戏剧舞台表演增添了纷呈的色彩。

苏州剧装艺术同时涵盖了珍贵的历史价值、实用价值与文化艺术价值。剧装中多数产品以明清时期的历史服饰为原型,它们就如历史的"活化石"一般,这便是历史价值与服饰文化价值特别的存在方式。同时,剧装作为戏剧表演中不可或缺的元素,也体现了它的实用价值。剧装的制作技艺是一个庞大的工艺美术类别,它囊括了多项传统技艺,丝织、绘画、刺绣、裁缝、造型、点翠等均是文化艺术价值的体现。

同时,传统的剧装制作技艺对相关文物的修复与保护有指导性意义。北京故宫博物院对宫廷戏衣(乾隆年间为主)的修复工作在持续进行,剧装戏具的修复与生活装不同的是,其存在特殊的程式性和穿戴搭配,需要对剧装的结构工艺、穿戴有一定的专业性了解,若不懂剧装的传统工艺,便无法真实还原戏衣的历史样貌。

另外,了解剧装的穿戴对于文物的修复可以起到促进作用。在笔者做剧装调研期间,北京故宫博物院文物保护科正在修复的文物中有一件蟒袍,面料的工艺为缂丝,其腋下磨损相当严重,究其原因,是蟒袍搭配玉带,而两侧腋下是与玉带接触最紧密的部位。准确地判断其损坏原因是修复文物的一个重要环节,这能使修复的过程更有针对性。文物保护科人员专门到苏州学习蟒袍和盔帽的制作工艺,为的便是真实地还原蟒袍的历史样貌。

除修复以外,要实现最大程度的保护主要在于戏衣的保存,即如何叠放。行外人随意叠放戏衣会使戏衣产生褶皱,褶皱在一定程度上会使织锦、绣花花线松散变形。文物的修护,是从运用原始工艺还原历史样貌,使其能长久保存的一个过程。苏州作为剧装发源地且一直保留传统制作技艺的地区之一,对于文物的修护是责无旁贷的(图7-4)。

图7-4　李荣森、翁维与故宫博物院文物保护科技术人员探讨清代宫装的制作工艺

二、剧装艺术传承的途径

1. 市场的保证

市场是剧装制作技艺生存的主导因素。剧装服务于戏剧表演,归根究底,戏剧行业的兴勃带动着剧装行业的发展,戏剧传承是剧装戏具制作得以传承的基础。同时,要发挥主观能动性,主动开拓市场,不能只满足舞台戏剧,还要与时俱进,开发影视古装剧市场等。

当代年轻人,相对于进入剧院看传统戏,更倾向于影视等娱乐方式。虽然传统戏剧有历代的文化传承,但它具有的价值并不一定能受到相应的关注度。好比在文学的样式与风格里,元曲曾经历辉煌的时代,虽然留下了很多关于元曲的文字记录,但是元曲的曲子却不复存在,我们只能通过理论与实践的尽量完善的方式来维系这种传统文化,并进行有效的传播,否则将面临"皮之不存,毛将焉附"的窘境。所以对于剧装艺术的传承,保证戏剧行业的生存是重要的内容。

在海外市场方面,由于缺乏戏剧专业的学术语言学者,存在着语言沟通的屏障,无法与国外学术圈进行良好的沟通,进行有效的戏曲传播与推广。目前只有少数刊物如《戏曲艺术概论(英文版)》和谭元杰的《中国京剧服装图谱》是以全英文和双语出版的。用外语对戏剧进行详细而系统的梳理,是戏剧工作者在理论层面可以加以完善的部分。

2. 形成产业集群

产业集群的形成可以解决上下游产业的生存问题。剧装的生产需要配套的原材料,在 1958 年成立苏州剧装戏具厂时,曾经将上游的原材料生产工序聚集到一起,例如空心珠、鞋底、排须、绢画等,经过一段时间后这些手工艺又独立出来,成为单独的社会分工,继续上下游关系。如今,很多上游的产品行业也在逐渐萎缩,一些特殊的面料不能常规提供,只能批量订货,如特殊面料一年用 200 米,则一次性向丝绸生产商订 10 年的用量,作为囤货使用。又如鞋底的制作需要几个艺人一同操作,则从事鞋底加工生产的肯定入不敷出,此时由剧装厂补贴资金,提供设备,保证这项产业的生存。

同时,手工技艺的有效传承需要一定的规模,唯有具有一定规模才能形成集聚效应,具有影响力,从而有充足的人群基数学习技艺,保证技艺人员可以分派到每一道工序。只有每一道工序传承下来,整套剧装戏具的制作技艺才能得到完整的保留。

3. 技艺传承方式的开放化

如今的剧装技艺传承,有别于改制前(1956 年前)的传承。改制前的传承一般是先生传授徒弟,这里的先生往往是老板,老板以扩大生产规模为目的,收徒弟传授其技艺,以发展生产。而对于农业社会来说,能够脱离农村到城市学习一门手艺并且有固定收入,从当时的社会群体来看地位优于农民,正可谓"荒年饿不死手艺人"。当时的手艺人大部分来自外地,拜先生学艺的同时还要承担义务和责任,即"跟三、拜三、帮三",就是跟三年、学三年、帮三年,这是手工艺行业的拜师行规,其中"跟三年"实际上跟不到三年就要开始帮先生打下手,学手艺。这九年中,学生不拿工资,且必须在十二三岁的年龄就拜师。"学三年"后学生熟练掌握技艺,可以独立操作,需要尽到帮助先生三年的义务。"帮三年"期间,学生可以拿到少量的"零花钱",待遇好于前六年,但仍不拿工钱。当"帮三年"结束,先生对学生便是对待技艺师傅一样,按劳发薪。此时,有才学的学生也会另谋出路,或去别处工作,或创业,但是师徒关系与情分一直保留着。如果是学生创业,师傅往往会扶持,若在当地娶亲成家,师傅也有责任帮助学生操办,是真正意义上的"一日为师,终身为父"。这种状态的传承是一种良性、和谐的传承。从 1956 年经营方式转为合作社后,传承关系转为师傅和徒弟,一个师傅有很多徒弟,一个徒弟也由多个师傅带。到了20世纪80年代后,手工艺形成企业规模,招纳青年工人进厂做工学艺,招纳的工人往往基数较大,后期学有所成的人数也较多。90年代后,工业和IT业开始发展,手工艺人地位逐步下降,直接的体现便是工资水平的下降。一方面,很多从业人员不愿意继续做手工艺,另一方面,年轻人文化教育投入成本变高,而手工艺行业更需要的是手上功夫,与文化教育成本有一定的矛盾,因此,很多年轻人不愿意再从事手工艺行业。同时,这一时期,外来务工人员人口增多,年轻的外来人口面临着成家嫁娶的选择,流动性较大,恰恰手工艺行业需要稳定性,技艺从事越久才能够越显纯熟。城市规模越大,传统手工艺越难保留。随着城市规模的变大,经济越来越发达,现代工业与制造业占据的比例越大,劳动力往往流向这些行业,手工艺行业的从业发展更为困难。

苏州的剧装戏具制作行业在目前的形势下优势在于,苏州剧装戏具合作公司作为剧装戏具制作的国家级非物质文化遗产保护单位,其法人也是国家级非遗传承人,又是从事剧装戏具手工艺出身,所以在技艺传承上有一定的经验和专业眼光,需要利用这些优势,定期招收学员,在生产线上以实践操作学习为基础,培养技艺传承人。

如今苏州剧装戏具制作国家非物质文化遗产保护单位每年接收中国戏曲学院、北京服装学院等专业院校的相关专业学生到现场实习,每道工序都安排了有经验的老师傅作为技艺教师为学生讲解和演示制作工艺。学生能够从实践中验证理论知识,从而更融会贯通地掌握。这种理论结合实践的方式,是技艺可持续发展的重要途径(图7-5)。

图7-5　中国戏曲学院学生学习制鞋中"粘帮"的场景

4. 技艺的优化

剧装与戏具制作的所有工序都是传统手工艺,设备的改革能有效地提高效率和质量。

最早时期,熨衣服的熨斗是加碳的铁盆熨斗,随着工业时代的到来,电蒸汽熨斗、电动缝纫机用到制作工序中,大大提高了制作的效率,甚至在做工上能够达到更精良的标准。在图案设计环节,将图案从硫酸纸拓印到面料上是一个必不可少的环节,旧时所用白粉和靛蓝粉一直沿用至今,但其存在一定的缺陷,即白粉和靛蓝粉以煤油调和,拓印到面料上若不能以刺绣完全覆盖,就会有一定的颜色残留。可以采用百里酚酞的氢氧化钠溶液(碱性溶液)作为墨水,碱性状态下墨水呈蓝色,当用水沾湿墨水画线稿时,由于空气中二氧化碳溶解于水中,使墨水成为酸性,百里酚酞在酸性条件下呈无色,可以有效清除多余痕迹,使剧装图案和刺绣的细节做完善。

如今数码时代的到来,使剧装戏具制作行业有了更多的改进。例如剧装的版型和排料问题,由于传统剧装的款式以及数据都有通用尺寸,可以通过格柏CAD(Gerber CAD)等制版软件创建剧装版型的数据库,一来可以完整保留剧装款式的样板,二来可以利用软件排料,在充分利用面料的同时提高开料的效率,甚至可以利用CAD软件建立放码的规格,与成衣一样设定剧装的号型,以满足专人专服的定制要求。图案设计室同样可以使用CorelDRAW(CDR)、Adobe illustrator(AI)等矢量软件制图,并按纹样类别或剧装款式类别建立数据库,可以系统而全面地对纹样进行存档。这种方式的优势还在于可以快捷地找到所需要的纹样类型,而不用在大批的纸样中翻找。剧装基本为平面结构,这一特点可以方便地使用制图软件来对剧装图案进行布局,更高效地完成草图,甚至正稿,同时可以匹配适合剧装图案宽幅的打印机,直接将图纸按比例打印使用。但这并不代表数码可以完全代替手绘,数码制图必须建立在手绘的基础上方能灵活掌握。

剧装艺术之所以珍贵,手工制作是重要的原因之一,所以,笔者所提出的优化方式,皆是本着尊重传统制作工艺的原则,以建立数据库信息为主,同时优化效率,使剧装艺术的关键信息得以长久留存,以供后人学习和研究。

结　论

　　苏州剧装是吴文化的瑰宝,其根植于苏州深厚底蕴的沃土上,凭借便利的交通、丰厚的蚕桑资源与发达的手工艺,从明代天启年间形成产业,并在几百年的代代相传中形成苏派剧装艺术风格。

1. 综合性优势促使苏州剧装行业形成全国领先规模

　　我国,早在魏晋六朝时就将衣归属为戏剧的所需品,至唐朝,已逐步关注剧装的装饰性与剧装面料的多样性,至明代则出现了"窄衫、绣裤、金蟒"的具体款式和工艺描述。同时期也在南京工科给事中的上疏中首次见到描写苏州地区剧装制作工艺的"碾玉、点翠、织造、刺绣"等文字。难能可贵的是,其中一些工艺如今仍被沿用。至清代,苏州地区昆曲勃兴,剧装发展也随之兴盛。

　　历经时代更迭,苏州剧装业仍然具有活力和规模性的生产,并非偶然。苏州地处优渥的长江三角洲中部的太湖平原,从春秋时期的吴国起,已奠定了城市繁荣的基础。其得天独厚的水陆交通优势促进了贸易往来,至明清时期,苏州已成为全国商品经济高度繁荣的城市之一。太湖平原土地肥沃、气候温润,是蚕桑养殖的天堂,这使得苏州的丝织业高度发达。苏州繁荣的经济与发达的丝织业是剧装得以发展的物质条件。丝织业发达的同时为苏绣奠定了良好的物质基础,被称为"刺绣之服"的剧装中,苏绣占有最大的手工艺比例,可以说精湛而源远流长的苏绣为苏州剧装提供了手工艺基础。

　　剧装应戏剧表演的需求而生,苏州剧装行业的形成与发展和昆曲在苏州的发展壮大密不可分。明清时期,职业昆班遍布全国各地,江南尤甚。戏班之众、行头之繁,大力带动了剧装业的发展。清同治以后,由于徽剧和京剧相继勃兴,苏州剧装的销售对象由当地扩展到苏、浙、皖三省。辛亥革命后,销售区域进一步扩大,作坊增多,其生产的剧装销往黄河南北、长江中下游各省。

　　改革开放后,文化部对于戏曲"三并举"发展措施的支持,使戏剧在政策扶持下保持一定规模的发展,为剧装的供销提供了一定的保障。苏州凭借着百年传承的剧装制作技艺优势,以成熟的心态和眼光继承和发展着剧装业。

2. 苏州剧装的艺术形式与风格

剧装和戏剧是相互影响、交替发展的。不同的戏剧题材对剧装有不同的要求,这也是影响各剧种剧装风格形成的因素之一;同时,戏剧穿戴规制的逐步成熟与定型也得益于剧装制作与艺术表现的成熟。苏州剧装制作以昆剧演出的服装为起点,至今服务于全国各地的戏曲演出,但细节与配色上仍留存着昆剧服饰的风格。苏州的剧装风格与昆剧同属江南文化,二者风格的形成可谓相辅相成。昆剧词曲格调高雅、流丽悠远,题材多为才子佳人情感戏,剧情发展与人物表现往往含蓄而耐人寻味,这使得苏州剧装的整体风格讲究意境美,注重体现诗情画意。

剧装的穿戴有严格的程式性,主要体现在剧装款式、服色以及图案上。蟒是剧装中地位较高的款式,是帝王将相等有身份地位的人物在庄重场合所用的礼服;帔适用的范围广泛,多为帝后、官宦和乡绅等闲居时所穿的常服;褶子为便服,常用于文人才子和平民;靠为男女将帅在战斗场景中所穿的戏服;开氅多为武将、绿林豪杰闲居场合所用,属次等礼服;宫装为后妃专用的次等礼服,一般用于闲居场合;官衣与历史服装不同,其不以补子区分品级,多用于中下级文官;箭衣是将帅、江湖侠士的轻便武服;另有各类长短衣、盔帽、鞋靴,均有穿戴的程式性。

苏州剧装在"上下五色"的运用基础上,整体色调柔和典雅。能够灵活运用苏绣技法中的丝线绣,对刺绣的色彩构成有成熟的掌握,并且在长期的剧装刺绣经验中,总结出鲜五彩、素五彩、野五彩、全三色、独色、一抹色、文五彩的色彩运用程式。

图案作为剧装艺术的主要构成要素之一,丰富的题材以象征的方式寄托了人们对美好愿望的追求和寄托。受江南文人气质的影响,其纹样端庄秀气,布局讲究疏密得当,且善于留白,与苏州的地方剧种昆剧相得益彰,整体形成了细腻而绮丽典雅的艺术形式与风格。

3. 苏州剧装制作技艺特点

从戏衣的品类与制作工艺来讲,苏州目前仍是全国范围内的领军角色,在戏曲文艺界一直占有重要的席位。

合作化(1956 年)以前,苏州剧装以个体独立的戏衣店经营,通过家庭作坊的模式生产加工剧装,艺人往往独立完成每个品类。合作化以后,苏州剧装连同戏具的制作形成产业链,针对剧装大多数品种制作程序复杂的特点,逐渐形成了分工合作的生产线。尤其在工序较为复杂的盔帽制作上,有分工明确的制胎、沥粉、点绸、承装等工序,各个工序均有专人负责。

苏州剧装包括戏衣、戏帽、戏鞋,在具体的制作上,仍保留了旧时的制作手法,绝大多数工序仍以手工制作的方式完成,有做工精良、细节出彩的工艺特点。

剧装的不同款式在成合中各有章程,但万变不离其宗,绝大多数以十字形结构裁剪制衣。在成合工序上对于剧装的制版尺寸有严格的数据规格,且注意细节上的手工制作,如盘领、滚边、包边、直角扣、水袖、鱼鳞百褶裙等。苏州剧装的飘带、领子、镶边等部位一般均用滚边做镶嵌,尤其是宫装、女大靠,多以双层镶边制作;如意领的镶边,通过缝份折叠工艺的处理,可形成更加细长而立体的滚边,凸显玲珑精致的美感。

剧装刺绣方面,其刺绣针对不同的纹样选用能表现纹样特质的针法,如正戗针法广泛运用于鸟兽鱼虫、江崖、水脚等边饰纹样;反戗针法用于蝴蝶、鱼鳞、龙鳞,绣面有凸起感,立体效果好;平套用于花卉、鸟兽,有和色自然的特点;集套用于原形图样;擞和针善于表现动物毛发的蓬松感;打籽绣用于表现立体的花蕊;等等。苏州剧装所用的丝线绣面积远远大于金线绣,金线绣主要起到勾勒轮廓点缀之用,这与北派剧装大面积盘金盘银、粤剧服装擅用珠片形成了鲜明的对比,使得苏州剧装在戏衣、巾帽、鞋靴的画面表现上更加细腻而有层次感。

4. 苏州剧装面对时代变革的当代发展与传承

苏州剧装涵盖了明清时期的多种服饰款式,且代代相承数百年,是戏剧表演不可或缺的关键要素之一。它的制作包括多项传统技艺,包括丝织、绘画、刺绣、裁缝、点翠等,苏州剧装同时具有历史价值、文化艺术价值和实用价值。

由于如今的剧装制作技艺是分工合作形式,所以在技艺的传承上,必须有足够的人数规模接触到生产的每一个环节,才能够系统而完整地将技艺承袭下来。苏州的剧装戏具合作公司作为非遗保护单位,与中国戏曲学院、北京服装学院、常熟理工学院、浙江理工学院合作建立了学习基地,手工艺人们在第一线为相关专业学生提供技艺讲解和演示。学生能够从实践中验证理论知识,从而实现理论与实践的融会贯通。这种理论结合实践的方式,是技艺可持续发展的重要途径。

从20世纪40年代起,受梅派(梅兰芳)古装衣和马连良改良戏衣的影响,苏州剧装的制作由衣箱制逐渐变为"一戏一服制"。由于文化部对戏剧发展的重视,"文革"后戏剧逐步开始回暖,大批新排的传统戏和新编历史剧都促进了"一戏一服制"的发展。

在面对传承与创新的问题上,受海派文化的影响,江南地区更具对新鲜事物的包容性。所以,在"一戏一服制"的剧装设计中,苏州剧装机敏地把握时代脉搏,在坚定地尊重与敬畏传统的基础上,实现剧装传统艺术的创新性转化,这正是戏剧自信与文化自信的体现。

综上所述,苏州的剧装历经五百多年的工艺实践,如今已形成完善而成熟的生产链,并形成一定的艺术风格。在当代价值观、经济基础下,要保持传承的长久活力,必须同时展开传统、务实的保护措施和开放、创新的传承工作。肩负当代传承使命的我们,在尊重和敬畏传统的同时,亦必须有机敏的开拓精神,方能达到更高的要求与期望。本书尝试相对系统地对苏州剧装的历史形成、技艺特征、艺术风格、传承发展的现状等方面展开论述和研究,期望为民族传统文化的发扬和传统手工艺的理论研究添砖加瓦。作为以实践为传承本质的手工艺行业,我们对其进行的理论研究只能达到辅助传承的目的,笔者也将以本书的研究为基础,在今后的科研和实践中,从实践角度出发,为非物质文化遗产的现代化传承提出切实可行的发展计划。

参 考 文 献

苏州传统剧装艺术

一、专著

1. 沈从文. 中国古代服饰研究[M]. 上海:上海书店出版社,2011.

2. 谭元杰. 戏曲服装设计[M]. 北京:文化艺术出版社,2000.

3. 谭元杰. 中国京剧服装图谱[M]. 北京:北京工艺美术出版社,2008.

4. 龚和德. 舞台美术研究[M]. 北京:中国戏剧出版社,1987.

5. 周锡保. 中国古代服饰史[M]. 北京:中国戏剧出版社,1984.

6. 余从,王安葵. 中国当代戏曲史[M]. 北京:学苑出版社,2005.

7. 孙颖. 剧装图案[M]. 北京:北京工艺美术出版社,2004.

8. 陆萼庭. 昆剧演出史稿[M]. 赵景深,校. 上海:上海文艺出版社,1981.

9. 孙佩兰. 中国刺绣史[M]. 北京:北京图书馆出版社,2007.

10. 马紫晨. 中国豫剧大辞典[M]. 郑州:中州古籍出版社,1998.

11. 吴山. 中国历代服装、染织、刺绣辞典[M]. 南京:江苏美术出版社,2011.

12. 中国戏曲研究院. 中国古典戏曲论著集成[M]. 北京:中国戏剧出版社,1982.

13. 王利器. 元明清三代禁毁小说戏曲史料[M]. 上海:上海古籍出版社,1981.

14. 李洪春. 京剧长谈[M]. 北京:中国戏剧出版社,1982.

15. 王安祈. 明代传奇之剧场及其艺术[M]. 台北:台湾学生书局,1986.

16. 董每戡. 说剧[M]. 北京:人民文学出版社,1983.

17. 叶涛. 中国京剧习俗[M]. 西安:陕西人民出版社,1994.

18. 雪犁. 中华民俗源流集成·游艺卷[M]. 兰州:甘肃人民出版社,1994.

19. 李尤白. 梨园考论[M]. 西安:陕西人民出版社,1995.

20. 王国维. 宋元戏曲考[M]. 台北:艺文印书馆,1996.

21. 李昌集. 中国古代曲学史[M]. 上海:华东师范大学出版社,1997.

22. 齐如山. 国剧图谱[M]. 张大夏,绘图. 台北:幼狮文化事业公司,1977.

23. 廖奔. 戏剧:中国与东西方[M]. 台北:学海出版社,1999.

24. 徐城北. 京剧与中国文化[M]. 北京:人民出版社,1999.

25. 秦永洲. 中国社会风俗史[M]. 济南:山东人民出版社,2000.

26. 冯俊杰. 戏剧与考古[M]. 北京:文化艺术出版社,2002.

27. 赵杨. 清代宫廷演戏[M]. 北京:紫禁城出版社,2001.

28. 周华斌. 中国戏剧史论考[M]. 北京:北京广播学院出版社,2003.

29. 廖奔,刘彦君. 中国戏曲发展史[M]. 太原:山西教育出版社,2000.

30. 丁汝芹. 清代内廷演戏史话[M]. 北京:紫禁城出版社,1999.

31. 曾永义. 戏曲源流新论[M]. 台北:立绪文化事业公司,2000.

32. 刘祯,谢雍君. 昆曲与文人文化[M]. 沈阳:春风文艺出版社,2005.

33. 王宁,任孝温. 昆曲与明清乐伎[M]. 沈阳:春风文艺出版社,2005.

34.《中国的昆曲艺术》编写组. 中国的昆曲艺术[M]. 沈阳:春风文艺出版社,
2005.

35. 叶长海. 中国戏剧研究[M]. 福州:福建人民出版社,2006.

36. 章诒和. 伶人往事:写给不看戏的人看[M]. 长沙:湖南文艺出版社,2006.

37. 徐慕云. 中国戏剧史[M]. 上海:上海古籍出版社,2008.

38. 张兵,李佳奎. 古代梨园[M]. 上海:东方出版中心,2008.

39. 谭帆,徐坤. 梨花带雨:生旦净末丑的乾坤[M]. 北京:北京大学出版社,2008.

40. 赵景深. 读曲小记[M]. 北京:中华书局,1959.

41. 孙红侠. 民间戏曲[M]. 北京:中国社会出版社,2006.

42. 廖奔. 东西方戏剧的对峙与解构[M]. 上海:上海辞书出版社,2007.

43. 周简段. 梨园往事[M]. 北京:新星出版社,2008.

44. 金文. 南京云锦[M]. 南京:江苏人民出版社,2009.

45. 天津人民美术出版社. 中国织绣服饰全集:第2卷　刺绣卷[M]. 天津:天津人民美术出版社,2004.

46. 刘美月. 中国京剧衣箱[M]. 上海:上海辞书出版社,2002.

47. 万如泉,等. 京剧人物装扮百出[M]. 北京:文化艺术出版社,1998.

48. 郑军. 中国历代龙纹纹饰艺术[M]. 北京:人民美术出版社,2004.

49. 苏州市文化局,苏州戏曲志编辑委员会. 苏州戏曲志[M]. 苏州:古吴轩出版社,1998.

50. 赵丰. 中国丝绸通史[M]. 苏州:苏州大学出版社,2005.

51. 刘兴林,范金民. 长江丝绸文化[M]. 武汉:湖北教育出版社,2004.

52. 郑军. 中国历代凤纹纹饰艺术[M]. 北京:人民美术出版社,2005.

53. 缪良云. 中国衣经[M]. 上海:上海文化出版社,2000.

54. 王国维. 王国维戏曲论文集[M]. 北京:中国戏剧出版社,1957.

55. 顾学颉. 元明杂剧[M]. 上海:上海古籍出版社,1979.

56. 吴新雷. 二十世纪前期昆曲研究[M]. 沈阳:春风文艺出版社,2005.

57. 庞进. 凤图腾[M]. 北京:中国和平出版社,2006.

58. 宗凤英. 清代宫廷服饰[M]. 北京:紫禁城出版社,2004.

59. 廖军,许星. 中国设计全集:第5卷 服饰类编 衣裳篇[M]. 北京:商务印书馆,2012.

60. 唐星明. 装饰文化论纲[M]. 重庆:重庆大学出版社,2006.

61. 李雨来,李玉芳. 明清绣品[M]. 上海:东华大学出版社,2012.

62. 齐如山. 齐如山全集[M]. 台北:联经出版事业公司,1979.

63. 上海艺术研究所. 中国戏曲曲艺辞典[M]. 上海:上海辞书出版社,1981.

64. 周传瑛. 昆剧生涯六十年[M]. 洛地,整理. 上海:上海文艺出版社,1988.

65. 朱一玄. 明清小说资料选编[M]. 济南:齐鲁书社,1990.

66. 乌丙安. 中国民俗学[M]. 沈阳:辽宁大学出版社,1985.

67. 刘稚,秦榕. 宗教与民俗[M]. 昆明:云南人民出版社,2000.

68. 任骋. 中国民间禁忌[M]. 北京:中国社会科学出版社,2004.

69. 任骋. 中国民俗通志·禁忌志[M]. 济南:山东教育出版社,2005.

70. 上海古籍出版社. 清代笔记小说大观[M]. 上海:上海古籍出版社,2007.

71. 胡忌. 宋金杂剧考[M]. 上海:古典文学出版社,1957.

72. 陈伯海. 唐诗汇评[M]. 杭州:浙江教育出版社,1995.

73. 傅伯星. 大宋衣冠图说宋人服饰[M]. 上海:上海古籍出版社,2016.

74. 李荣森. 传统戏曲头饰点翠技艺的传承与发展[M]. 苏州:苏州大学出版社,2018.

75. 孙晓华. 剧装戏具制作技艺[M]. 北京:北京美术摄影出版社,2015.

76. 张淑贤. 清宫戏曲文物[M]. 上海:上海科学技术出版社,2008.

77. 李书泉. 苏州剧装戏具厂志. 苏州剧装厂技术开发科(内部资料未出版),1985.

78. [韩]崔丰顺. 中国历代帝王冕服研究[M]. 上海:东华大学出版社,2007.

79. [英]弗雷泽. 金枝[M]. 汪培基,译. 台北:桂冠图书股份有限公司,1991.

80. [美]玛丽琳·霍恩. 服饰:人的第二皮肤[M]. 上海:上海人民出版社,1991.

81. [德]格罗塞. 艺术的起源[M]. 蔡慕晖,译. 北京:商务印书馆,1937.

二、典籍

1. [明]刘辰. 国初事迹[M]. 北京:中华书局,1991.

2. ［清］沈寿. 雪宧绣谱［M］. 张謇,耿纪朋,译注. 重庆:重庆出版社,2017.

3. ［清］顾禄. 清嘉录［M］. 来新夏,校点. 上海:上海古籍出版社, 1986.

4. ［清］张廷玉,等. 明史 卷五一～卷一〇一［M］. 长春:吉林人民出版社,1995.

5. ［元］高明. 高则诚集［M］. 张宪文,胡雪冈,辑校. 杭州:浙江古籍出版社, 1992.

6. ［清］李斗. 扬州画舫录［M］. 南京:凤凰出版社, 2013.

7. ［唐］李延寿. 北史［M］. 北京:中华书局, 1974.

8. ［唐］段安节. 乐府杂录［M］. 北京:中华书局,1985.

9. ［清］曹雪芹,高鹗. 红楼梦［M］. 黄渡人,校点. 济南:齐鲁书社, 2007.

10. ［明］顾起元. 历代笔记小说大观:客座赘语［M］. 孔一,校点. 上海:上海古籍出版社, 2012.

11. ［明］唐寅. 唐寅集［M］. 周道振,张月尊,辑校. 上海:上海古籍出版社, 2013.

12. ［东汉］赵晔. 吴越春秋 贞观政要［M］. 长春:时代文艺出版社, 1986.

13. ［汉］刘向. 楚辞［M］. 王逸,注. ［宋］洪兴祖,补注. 上海:上海古籍出版社, 2015.

14. ［清］龚炜. 巢林笔谈［M］. 钱炳寰,点校. 北京:中华书局, 1981.

15. ［明］沈德符. 万历野获编［M］. 北京:中华书局, 1959.

16. ［明］余继登. 典故纪闻［M］. 北京:中华书局,1981.

17. ［宋］程大昌. 演繁录［M］. 济南:山东人民出版社,2018.

18. ［清］刘沅. 十三经恒解(笺解本)［M］. 谭继和,祁和晖,笺解. 成都:巴蜀书社, 2016.

19. ［西周］姬旦. 周礼［M］. 钱玄,等,注释. 长沙:岳麓书社, 2001.

20. ［明］宋应星. 天工开物［M］. 北京:商务印书馆, 1954.

21. ［东汉］许慎. 说文解字［M］. ［宋］徐铉,等,校. 北京:中华书局. 1963.

22. ［清］徐观海. 将乐县志［M］. 福建省地方志编纂委员会,整理. 厦门:厦门大学出版社,2009.

三、学位论文

1. 贺则天. 传统凤纹样在现代平面设计中的应用［D］. 昆明:昆明理工大学, 2014.

2. 龙彩凤. 唐代典型植物纹样在家具设计中的应用研究［D］. 长沙:中南林业科技大学, 2012.

3. 颜实. "再现"与"再造"——南京云锦纹样艺术研究［D］. 南京:南京师范大学,2011.

4. 管骍. 昆剧舞台美术源流考［D］. 苏州:苏州大学,2006.

5. 李斌. 中国长三角地区染织类非物质文化遗产研究[D]. 上海：东华大学，2013.

6. 张成良. 中国戏剧服饰中的图案艺术研究[D]. 兰州：西北师范大学，2012.

7. 王欣. 当代苏绣艺术研究[D]. 苏州：苏州大学，2013.

8. 韩婷婷. 苏州剧装业百年传承——以苏州李氏家族三代传人技艺传承为代表[D]. 苏州：苏州大学，2010.

9. 赵阅书. 清代云锦色彩考析及应用[D]. 无锡：江南大学，2009.

10. 岳永玲. 南京云锦图案研究[D]. 南京：南京师范大学，2013.

11. 宋俊华. 中国古代戏剧服饰研究[D]. 广州：中山大学，2002.

12. 束霞平. 苏州昆剧服装艺术探微[D]. 苏州：苏州大学，2005.

13. 毛正. 论苏州戏剧服装中的苏绣艺术[D]. 苏州：苏州大学，2008.

14. 王莉. 近现代北京传统工艺美术文化传承价值和经济价值探析[D]. 北京：首都师范大学，2005.

15. 石倩.《牡丹亭》舞台改编研究[D]. 兰州：兰州大学，2018.

16. 孙晓菲. 舞台服饰色彩的情感表现与研究[D]. 天津：天津工业大学，2018.

17. 张莎莎. 中国传统吉祥图案在现代服装设计中的应用研究[D]. 杭州：浙江理工大学，2018.

18. 许嘉. 绣画——中国江南传统刺绣研究[D]. 杭州：中国美术学院，2016.

19. 唐金萍. 中国古代服饰中的黄色研究[D]. 北京：北京服装学院，2015.

20. 罗依坤. 唐宋女性服饰色彩研究[D]. 长沙：湖南工业大学，2016.

四、期刊论文

1. 曹军. 清代乾隆年间云锦色彩工艺研究[J]. 兰台世界，2013(3).

2. 陈阳. 南京云锦的纹样造型与色彩特征[J]. 大舞台，2014(8).

3. 李永燕. 浅析中国传统图案与服饰的发展[J]. 中国商界，2010(11).

4. 周海燕. 浅析云锦图案的吉祥意味[J]. 美与时代，2004(12).

5. 赵阅书，梁惠娥. 清代云锦色彩的特点浅析[J]. 丝绸，2008(11).

6. 唐泓. 云锦色彩现象探究[J]. 装饰，2007(7).

7. 钱小萍. 蜀锦、宋锦和云锦的特点剖析[J]. 丝绸，2011(5).

8. 廖军. 对新时期云锦发展的几点思考[J]. 丝绸，2000(11).

9. 廖军. 对云锦艺术继承和保护的再思考[J]. 丝绸，2004(10).

10. 臧晴. 当南京云锦遭遇当下"精神经济"文化转型[J]. 吉林艺术学院学报，2011(6).

11. 陈玉红. 非物质文化遗产的继承与创新——以南京云锦在时装设计中的运用为

例[J]. 轻纺工业与技术,2015(5).

12. 刘薇. 试谈戏剧的服装、道具[J]. 戏剧之家,2012(12).

13. 徐杨. 中国戏曲中的盔头[J]. 南国红豆,1994(5).

14. 潘福麟. 粤剧的冠盔巾帽[J]. 南国红豆,2001(3).

15. 李顿,张竞琼,李向军. 苏绣中的服饰品绣与画绣主要针法研究[J]. 丝绸,2012(6).

16. 赵庆伟. 中国古代服色流变探讨[J]. 湖北大学学报,1997(1).

17. 许晓东,童宇. 中国古代点翠工艺[J]. 故宫博物院院刊,2018(1).

18. 胡小燕,李荣森. 苏派戏衣业溯源与艺术特色分析[J]. 丝绸,2019(1).

19. 王安安. 古代服饰制度中服色的文化内涵[J]. 文博,2003(3).

20. 忻颖. 让"临川四梦"和年轻人一起成长——上海昆剧团团长谷好好谈"四梦"[J]. 上海戏剧,2016(8).

21. 张锐. 清宫戏衣初探——以故宫藏乾隆时期的"蟒"为例[J]. 戏曲艺术,2018(2).

22. 毕然,李薇. 蟒袍"摆"的功能性与工艺造型演变[J]. 装饰,2018(6).

23. 诸葛铠. 适者生存:中国传统手工艺的蜕变与再生[J]. 装饰,2003(4).

附录

附录1：剧装的基础色彩体系

上五色

正色为尊，戏剧表演中为皇室、达官贵人所用，其中黄色为皇帝所用，其余颜色依具体文武、品级等具体角色形制而定。

C88 M70 Y0 K0
正红

C84 M52 Y100 K19
老绿

C14 M8 Y88 K0
明黄

C0 M0 Y0 K0
白

C90 M90 Y90 K90
黑

下五色

下五色也称间色、副色，间色为卑，多用于平民角色，如樵夫、渔夫、店家、乐伎等。

C95 M84 Y0 K0
宝蓝

C4 M40 Y17 K0
粉红

C77 M39 Y0 K0
湖蓝

C72 M83 Y0 K0
紫

C49 M36 Y97 K0
秋香

杂色

杂五指剧装其他常用颜色，如绛红、藕荷、杏黄、月白、宝蓝、驼、灰、金。

C48 M97 Y98 K21
绛红

C55 M71 Y100 K22
驼

C19 M54 Y0 K0
藕荷

C60 M51 Y48 K0
灰

C5 M66 Y79 K0
杏黄

C20 M30 Y80 K0
金

C24 M0 Y1 K12
月白

C100 M98 Y42 K0
蓝

附录 2：剧装刺绣的基本色彩体系

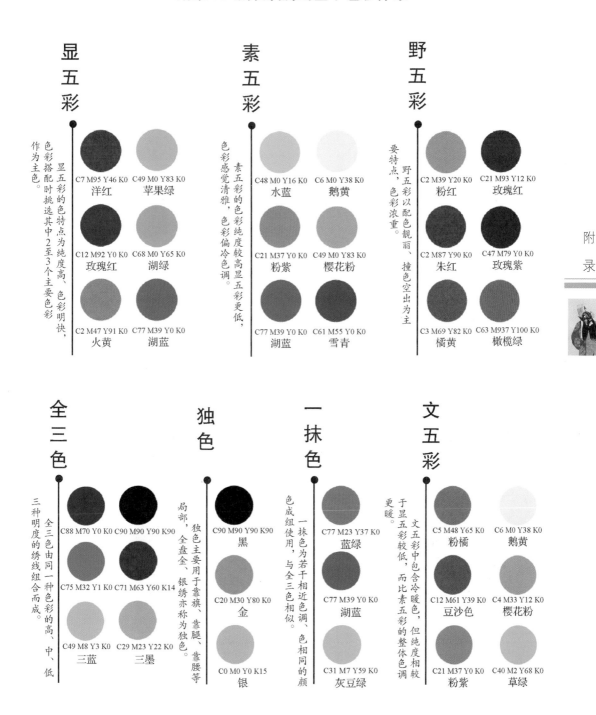

显五彩

显五彩的色特点为纯度高、色彩明快，色彩搭配时挑选其中 2 至 3 个主要色彩作为主色。

C7 M95 Y46 K0 洋红	C49 M0 Y83 K0 苹果绿
C12 M92 Y0 K0 玫瑰红	C68 M0 Y65 K0 湖绿
C2 M47 Y91 K0 火黄	C77 M39 Y0 K0 湖蓝

素五彩

素五彩的色彩纯度较高显五彩更低，色彩感觉清雅，色彩偏冷色调。

C48 M0 Y16 K0 水蓝	C6 M0 Y38 K0 鹅黄
C21 M37 Y0 K0 粉紫	C49 M0 Y83 K0 樱花粉
C77 M39 Y0 K0 湖蓝	C61 M55 Y0 K0 雪青

野五彩

野五彩以配色靓丽、撞色空出为主要特点，色彩浓重。

C2 M39 Y20 K0 粉红	C21 M93 Y12 K0 玫瑰红
C2 M87 Y90 K0 朱红	C47 M79 Y0 K0 玫瑰紫
C3 M69 Y82 K0 橘黄	C63 M937 Y100 K0 橄榄绿

全三色

全三色由同一种色彩的高、中、低三种明度的绣线组合而成。

C88 M70 Y0 K0	C90 M90 Y90 K90
C75 M32 Y1 K0	C71 M63 Y60 K14
C49 M8 Y3 K0 三蓝	C29 M23 Y22 K0 三墨

独色

独色主要用于靠旗、靠腿、靠腰等局部，全盘金、银绣亦称为独色。

C90 M90 Y90 K90 黑
C20 M30 Y80 K0 金
C0 M0 Y0 K15 银

一抹色

一抹色为若干相近色调、色相同的颜色成组使用，与全三色相似。

C77 M23 Y37 K0 蓝绿
C77 M39 Y0 K0 湖蓝
C31 M7 Y59 K0 灰豆绿

文五彩

文五彩中包含冷暖色，但纯度相较于显五彩较低，而比素五彩的整体色调更暖。

C5 M48 Y65 K0 粉橘	C6 M0 Y38 K0 鹅黄
C12 M61 Y39 K0 豆沙色	C4 M33 Y12 K0 樱花粉
C21 M37 Y0 K0 粉紫	C40 M2 Y68 K0 草绿

附录3：剧装常用款式与穿着角色属性分类

剧装款式				穿戴属性
蟒				
大红缎彩绣大凤女蟒	大红缎彩绣团龙蟒	大红缎彩绣镶边女蟒	绿缎盘金绣团龙蟒	帝王将相、贵族正式场合的礼服
古铜缎彩绣改良蟒	湖蓝缎彩绣团龙蟒	香色缎盘金绣改良蟒	粉红缎彩绣团龙蟒	
帔				
驼色缎彩绣团龙女帔	明黄缎彩绣皇帔	苹果绿绉缎绣花女帔	杏黄绉缎彩绣皇帔	帝后、官宦乡绅、才子佳人闲居时的通用常服
绿缎满地绣花女帔	大红缎混绣团花男帔	粉红缎绣干枝梅女帔	黑缎彩绣团花男帔	
靠				
紫缎混绣男大靠	大红缎三蓝彩绣男大靠	大红缎彩绣改良女靠	绿缎混绣男大靠	军事将领、特定女英雄用于作战场合的戏服

剧装款式				穿戴属性
靠				
白缎彩绣改良男靠	杏黄缎韦陀纹男大靠	大红缎盘金绣大铠	白缎三灰彩绣男大靠	
褶子				
白缎三蓝雅绣梅花小生褶子	黑缎彩绣花褶子	金黄缎绣花褶子	杏黄缎彩绣团龙褶子	广泛用于读书人、江湖英雄以及下层平民的便服
黑绉缎绣边女青褶子	紫缎团花硬褶子	仿清白缎团花女褶子	湖蓝缎团花硬褶子	
官衣				
紫官衣	蓝官衣	大红缎混绣改良官衣	香色绉缎改良女官衣	中下级文官官服,亦用于新科状元或新郎
开氅				
大红缎彩绣麒麟开氅	绿缎彩绣麒麟开氅	黄缎彩绣团花开氅	黑洋缎彩绣虎开氅	次等礼服,为高级武将和权臣的闲居之服

附 录

剧装款式				穿戴属性
箭衣				轻便的武服,根据花色的不同适用于王侯将相、绿林英雄和衙役
绿缎混绣团花箭衣	湖蓝缎团花箭衣	黄缎团花箭衣	白缎改良女式箭衣	
短打衣				用于江湖英雄、家丁等
香色缎素抱衣	粉红缎绣花抱衣	绿缎绣花抱衣	黑缎绣百蝶花侉衣	
褂				用于行路场合的王侯将相
黄缎彩绣团龙马褂	湖蓝缎彩绣团龙马褂	黑缎补褂	蓝纱补褂	
坎肩				男用短款、女用长款
蓝缎绣花大襟小坎肩	红卒坎肩	湖蓝缎绣龙大坎肩	黑绉缎绣花大襟小坎肩	
斗篷				龙斗篷用于帝王将相,其余广泛用于行路、卧病、晨起等场合
粉红缎绣花女斗篷	月白绉缎绣花女斗篷	大红缎平金绣大龙斗篷	粉红缎绣花女斗篷	

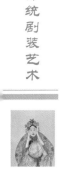

苏州传统剧装艺术

剧装款式				穿戴属性
袄				
藕荷色绉缎绣花时式袄裤裙	月白绉缎安儿衣	绿缎绣花时式裤袄	宝蓝缎绣花时式大袄	一般用于民间少女、妇女
宗教服饰				
紫缎镶蓝缎边八卦衣	黑缎镶边大法衣	紫缎符咒小法衣	黑缎八卦衣	专用于足智多谋且有道术的军师、道士、神仙
古装				
大红绉缎古装上衣	藕荷色缎古装上衣	古装彩绣套裙	古装套裙	通用于仙女、红娘等角色
专用衣				
明黄缎彩绣团龙制度衣	绿缎镶边龙套衣	草龙纹斜领太监衣	浅绿绉缎宫女衣	制度衣用于孙悟空;龙套衣是群体的象征,通常四人一组一起穿着

附
录

229

后　记

随着苏州昆剧的萌芽与发展，苏州的剧装戏剧制作产业随之成长，前后已有五百多年历史，其丰厚的内涵、五彩的外延，实难完全容纳于这样一本图书。

本书的出版，前后耗时三年，其中包括常驻国家级非物质文化遗产保护单位苏州剧装戏具合作公司一年的调研学习，赴北京故宫博物院文物保护科考察，采访非物质文化遗产传承人和许多默默奉献的老艺人；也包括夜以继日地对史料、文字、图片的逐步梳理、考证和甄选，在此过程中，得到了专家、前辈、朋友的鼎力相助，终使本书几易其稿，日臻完善。

书稿付梓之际，我要由衷地表达内心的感谢：

首先感谢我的恩师许星教授，关于本书的立题、大纲，她给了我许多中肯的建议和指导，并给了我莫大的勇气和信心完成本书。

特别感谢国家级非物质文化遗产传承人李荣森先生，没有李老师的倾情相助便没有本书这么饱满的内容，感谢李老师毫无保留地提供给我学习的机会和宝贵的资料。

感谢江苏省非物质文化遗产传承人翁维，她不仅为我的调研提供了许多珍贵的剧装图案资料，而且同我分享了许多剧装图案设计的心得体会，使我颇受启发。同时感谢张国民师傅、王银师傅、吴伟潜师傅、李肖红师傅、黄菊君师傅、黄梅英师傅等老艺人分享剧装制作经验。

感谢同门师妹王青青，她替我分担了繁重的线描图稿的工作；感谢同门师妹梁若翔为本书绘制插图。

最后，感谢为本书的出版倾注大量心血的责任编辑方圆女士。

在撰写过程中，我深感戏剧服饰文化的博大精深，虽有着美好的愿望和虔诚的态度，但由于学术视野和文字功力的局限，书中不当之处在所难免。因此，真心希望能够得到各方专家学者和广大读者的不吝赐教。

胡小燕
庚子年仲夏于姑苏小居